立体绿化
Vertical Planting

◎ 王仙民 主编

中国建筑工业出版社

图书在版编目（CIP）数据

立体绿化／王仙民 主编.—北京：中国建筑工业出版社，2010
ISBN 978-7-112-12029-1

Ⅰ.立… Ⅱ.王… Ⅲ.夏季奥运会—园林—绿化—概况—北京市—2008 Ⅳ.S73 G811.211

中国版本图书馆CIP数据核字（2010）第067730号

责任编辑：吴宇江
责任设计：赵明霞
责任校对：陈晶晶 关健

立 体 绿 化
王仙民 主编

*

中国建筑工业出版社出版、发行（北京西郊百万庄）
各地新华书店、建筑书店经销
北京方舟正佳图文设计有限公司制版
北京中科印刷有限公司印刷

*

开本：880×1230毫米 1/16 印张：11 字数：316 千字
2010年5月第一版 2010年5月第一次印刷
定价：**88.00**元
ISBN 978-7-112-12029-1
(19283)

版权所有 翻印必究
如有印装质量问题，可寄本社退换
（邮政编码 100037）

本书是2008年北京奥运会绿化的全记录，

内容包括花坛、花墙、花柱、屋顶、墙体等的立体绿化。

本书可供广大园林绿化工作者、

园林设计师等学习参考。

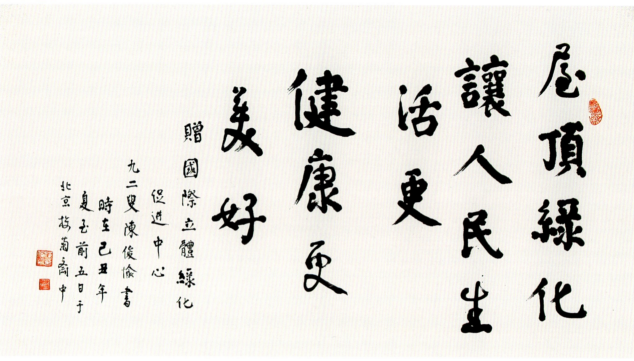

中国工程院院士、北京林业大学教授陈俊愉先生为本书题词

三维立体绿成荫
屋顶高墙不染尘
空气清新人康乐
满城春色荫天民

在当今高楼林立、绿地稀少的城市中，立体绿化乃改善环境、减少污染之一大良策，值得大力提倡和推广。小诗一首呈王仙民先生雅正

罗哲文　戊子金秋

国家文物局古建筑专家罗哲文先生为本书题词

前 言

奥运是体育赛事，但对于中华民族却是一个情结。奥运百年与中国无缘，是中国人很不甘心、很不体面的事儿，从这一点讲，办好奥运的意义远远超出了体育竞赛的范围。

中国第一次申奥失败的原因很多，但最重要的原因是北京的生态环境不达标，当年蓝天数量仅110天。痛者思痛，下最大的决心治理环境污染，北京经历了三部曲：一是工厂迁出市区；二是煤改气；三是大力植树种草、屋顶绿化、立体绿化一起上，增加城市绿化量。这些综合治理措施使2008年8月、9月实现了蓝天大连贯，有力地保障了奥运会、残奥会的顺利召开。2008年全年的蓝天数量创下了北京蓝天之最。

北京创办了一届无与伦比的奥运会。绿化为奥运立了功，生态环保的作用很突出。还有一个方面是把北京装扮得五彩缤纷，盛装欢迎来自五大洲的宾客，显示了中华民族好客的大国风范。

本书是奥运绿化的全记录，重点放在花坛、花墙、花柱、屋顶、墙体等立体绿化上，这是奥运绿化明珠般的亮点，是笔者《屋顶绿化》的姐妹篇。

北京奥运会闭幕了，全国生态环境建设的大幕却由此拉开了。屋顶绿化、立体绿化、室内绿化会像彩电、手机一样走进普通百姓家。正如92岁高龄的陈俊愉院士为国际立体促进中心的题词："屋顶绿化让人民生活更健康更美好"。

国庆60周年庆典活动极大地鼓舞了全国人民建设美好祖国的斗志。同样在立体绿化方面，既发扬了奥运绿化的长处，又特别突出了节约办事业的精神，使大气与简约达到了完美的结合。本书以翔实的图片记录了祖国60华诞之美、首都绿化之美。

2008年奥运、2009年国庆，两个值得中国人骄傲的伟大年代，我们用相机和笔记录了这两年的立体绿化，实乃人生一大幸事。谨以本书的出版，作为园林工作者的礼物献给伟大的祖国，献给为奥运绿化、立体绿化辛勤工作的同仁们。

2010年上海世博·世界屋顶绿化大会，来自世界各国屋顶绿化的专家、学者将欢聚在美丽的黄浦江畔，交流研讨屋顶绿化、立体绿化对全球气温降低的功能，齐心协力推进低碳宜居城市的发展，让人类的生活更美好。亦希望能将本书作为国际交流的礼物送给世界屋顶绿化的同仁们。

王仙民

2010年春

Preface

For the Chinese people, the Olympic Games mean more than just a sports event. For a long time, China was unreconciled to not being able to completely involve itself in the Olympic Games. And in this sense, hosting successful Olympic Games is far more significant for China than competition in sports.

The most important reason for China's failure in its first Olympic bid was that ecological environment in Beijing was not compliant with the international standards. At that time, there were only annually 110 blue-sky days in Beijing. After that, China was resolved to take measures to tackle the environmental pollution problem. Firstly, factories were moved out of the urban area of Beijing. Secondly, people began to use gas instead of coal. Thirdly, in order to expand the green area in Beijing, trees, lawn, green roof and vertical planting became more and more popular. All these measures ensured a record number of blue-sky days in 2008, and made it possible for the Beijing Olympic Games to a great success.

The greening and trees planting contributed greatly to the success of the Beijing Olympic Games. On the one hand, the ecological and environmental protection played an important role. On the other, making Beijing more beautiful showed the Chinese people's hospitality towards friends from all continents.

This book, the companion volume of Green Roof written by the author, records the greening of the city for the Beijing Olympic Games, with a focus on the vertical planting, such as the parterres, flower posts, and planting on roofs and walls.

Now, the Beijing Olympic Games was over, but the work on the protection and conservation of national ecological environment is still underway. Vertical planting for green roofs and indoor space has been accepted by more and more people in China. "Green roof makes people's life much healthier and better" is the word written by Chen Junyu, a 92-year-old Academician, in his own calligraphy for International Centre for the Promotion of Vertical Planting.

The events celebrating the 60th anniversary of China have greatly encouraged the Chinese people's enthusiasm for making the country better and stronger. This is true with the work on vertical planting. This book will show the national beauty in its 60th anniversary and the beauty of greening in Beijing, with many colorful photographs printed for the readers.

It is fortunate for us to be able to have kept a record of the 2008 Olympic Games and 2009 National Celebrations with our camera and pen. This book, as a gift from the garden workers, is dedicated to our greater nation and to our hard-working colleagues for Olympic greening and vertical planting.

2010 Shanghai World Expo • World Green Roof Conference serves as an excellent platform for international garden designers, architects and researchers to exchanges their ideas and experiences in the field of green roof technology and discuss matter of the impact of vertical planting on the global climate on the beautiful Huangpu River in Shanghai. All those present at the Conference have made great efforts to promote the development of low-carbon livable cities, and make it possible for people live a much better life. This book is also dedicated to our colleagues in green roof.

Xianmin Wang
Sprin, 2010

目 录

陈俊愉题词

罗哲文题词

前言

第1章　立体花坛

1.1 北京奥运会立体花坛展示 /10

　1.1.1 天安门与长安街及延长线 /10

　1.1.2 北京主要公园的立体花坛 /21

　1.1.3 道路立体花坛 /38

　1.1.4 单位门前 /41

　1.1.5 长安街 /46

　1.1.6 奥林匹克公园 /57

　1.1.7 植物园 /57

1.2 立体花坛的施工技术 /61

1.3 北京立体花坛的植物选择及常用植物 /62

　1.3.1 草本 /62

　1.3.2 灌木、小乔木类 /66

第2章　容器绿化

2.1 传统的种植容器：花坛、花钵 /68

2.2 新型节水立体容器 /73

　2.2.1 几种新型容器的介绍 /73

　2.2.2 北京奥运会立体植物种植容器图片 /76

　2.2.3 新型节水容器的特点 /79

第3章　屋顶绿化

3.1 屋顶草坪 /80

　3.1.1 北京屋顶草坪 /81

　3.1.2 施工程序 /92

　3.1.3 北京屋顶草坪常用植物 /93

　3.1.4 屋顶草坪的养护管理 /99

3.2 空中花园 /100

　3.2.1 长城饭店屋顶花园 /100

　3.2.2 全国政协机关办公楼屋顶花园 /100

　3.2.3 中共中央组织部 /104

　3.2.4 科学技术部节能示范楼屋顶花园 /104

　3.2.5 经济日报社 /106

　3.2.6 红桥市场屋顶花园 /107

　3.2.7 空中花园集锦 /108

　3.2.8 屋顶花园施工的一般流程 /110

3.2.9 屋顶花园施工的注意事项及要点 /112

3.2.10 屋顶绿化的养护管理 /117

3.3 屋顶绿化的特点与功能 /120

3.3.1 美化作用 /120

3.3.2 生态作用 /120

第4章 墙体、屋面等的垂直绿化

4.1 传统方法 /126

4.2 墙体绿化新技术 /130

4.2.1 无土草坪毯 /130

4.2.2 组合式壁挂装置 /131

4.2.3 垂直面绿化构件 /132

第5章 阳台、露台绿化

5.1 阳台、露台绿化的常用方法 /134

5.2 北京阳台、露台绿化展示 /135

5.3 阳台绿化的注意事项 /136

5.4 栽植容器的选择 /137

5.5 阳台植物的选择 /137

常用植物举例 /137

5.6 自动养花的阳台绿化技术介绍 /139

第6章 道路、立交桥绿化

第7章 室内绿化

7.1 会场装饰 /146

7.2 宴会会议厅鲜花装饰 /149

7.3 酒会类餐桌摆花 /150

附录 /152

参考文献 /172

后记 /176

第1章 立体花坛

立体花坛被称为"植物马赛克",最早起源于欧洲,主要是运用不同特性的小灌木或草本植物,种植在二维或三维立体构架上而形成的植物艺术造型。它通过巧妙运用各种不同植物的特性,创作出各具特色的艺术形象。立体花坛作品因其千变的造型、多彩的植物包装,外加可以随意搬动,被誉为"城市活雕塑"、"植物雕塑"。它代表了当今世界园艺的最高水准,被誉为世界园林艺术的奇葩。立体花坛这一园林艺术形式,大幅度地扩展了植物的丰富表现力,为城市增添了鲜活的雕塑作品。不仅展示出了高超的立体花坛工艺,而且许多作品还可以表达丰富的文化内涵。

2008年是世界的中国年,是中国的世界年,立体花坛在装点首都北京中发挥了极大的作用,创造了许多立体花坛之最:数量之最,布置了600多座大型立体花坛;体量之最,许多花坛高达十多米;植物种类、配比之最,实现了立体花坛乔、灌、花、草的最佳结合;科技之最,普遍运用了节水、节能、节电系统;灯光之最,巧妙地将照明灯、树灯、草坪灯、水景灯、太阳能灯、灭虫灯等组成绚丽多彩的夜景;时间之最,花坛从7月持续到10月。

这些巨型而精致、令人震撼的花坛遍布于北京的街道、公园、社区、单位等,我们将这些美景用相机记录下来,与朋友们分享。

1.1 北京奥运会立体花坛展示

1.1.1 天安门与长安街及延长线

1. 天安门广场

天安门广场位于北京市中心,南北长880m,东西宽500m,面积达44万m^2,可容纳100万人举行盛大集会,是当今世界上最大的城市广场。奥运会是中国向世人展示自己的绝好机会,北京是中国的首都,而天安门是北京的标志,是世人认识、了解中国的窗口。因此,天安门广场的花坛可以说是集中体现了园林工作者的智慧和最高技艺。

天安门广场的花坛已有近20年的历史,每次都会根

天安门广场

中国印日景(官天一摄)

据国内外的形势来确定一个主题,此次奥运会期间天安门广场的花坛主题主要由两个方面组成,一方面展示中国的悠久历史文化、改革开放的伟大成就;另一方面主要体现奥运精神和普及奥运知识。

天安门广场中央,巨型花坛簇拥下的"中国印"——北京2008年奥运会会徽"中国印·舞动的北京",以印章作为主体表现形式,将中国传统的印章和书法等艺术形式与运动特征结合起来,经过艺术手法夸张变形,巧妙地演化成一个向前奔跑、舞动着迎接胜利的运动人形。人的造型同时形似现代"京"字的神韵,蕴含浓重的中国韵味。同时将奥运五环充分融合在一起,把中国的印章文化、汉字文化、奥运精神等集中体现出来。

残奥会期间,广场中心矗立着由巨型模纹花坛烘托的残奥会标志——"天地人"。一个中国字"之",一个运动的"人",一次对生命的价值与意义的彰显,一

中国印夜景

残奥会标志——"天地人"

次对运动的精神和意志的赞颂……会徽以天、地、人和谐统一为主线，把中国的文字、书法和残疾人奥林匹克运动精神融为一体，集中体现了中国传统文化和现代奥林匹克运动精神，体现了"心智、身体、精神"和谐统一的残疾人奥林匹克运动精神，具有深厚的中国传统文化底蕴。

奥运的圣火燃遍五大洲，照亮全世界。由植物和构架组成的世界地图，在跳动的火焰的衬托下显得更加完美。全世界因奥运聚集在一起，世界本是一家人，各国人民共同努力才能创建真正和谐的世界。

北京奥运会口号——"同一个世界，同一个梦想"。这是13亿中国人民对奥林匹克运动的独特而深

奥运圣火——世界地图构架日景

奥运圣火——世界地图构架夜景

刻的理解：希望与梦想、和平与友谊、奉献与欢乐、参与和公平竞争；这是13亿中国人民向全世界发出的真诚呼声；历史悠久、文化灿烂、热爱和平的中华民族将更加坚定不移地走向世界，拥抱世界；这是13亿中国人民向全世界表达的美好梦想：共同创造一个和谐的社会、和平的世界、人与自然平等共处的地球……

五色跑道上面的各项赛事的体育健儿们围绕着北京2008年奥运会的主体建筑国家体育场——鸟巢。这是奥运精神，建筑艺术，园艺水平高度的、有机的融合。

长江大桥，充分体现了改革开放以来，中国的经济已经进入高速发展的轨道。同时也象征着奥林匹克运动会搭起了中国与世界之间的桥梁。

象征国家经济快速发展、农业稳步提高的大型花坛与雄伟的人民大会堂交相辉映。

同一个世界造型日景

同一个梦想造型日景

同一个世界造型夜景

同一个梦想造型夜景

五色路道日景

五色路道夜景

长江大桥模型

大型花坛与人民大会堂交相辉映日景

大型花坛与人民大会堂交相辉映夜景

丰收的喜悦

中国结日景

和平鸽与中国结表达了中国人民、世界人民对和平的追求和吉祥的愿望。中间的彩虹犹如中国与世界联系的桥梁。和谐的社会需要全世界人民的共同努力。

2. 长安街及延长线

长安街是世界上最长、最宽的街道，有"神州第一街"之称。修建于明代，距今有600年的历史。长安街，其名取自盛唐时代的大都城——"长安"，含长治久安之意。长安街以天安门广场为界，往东为东长安街，向西为西长安街。

1) 西长安街及延长线

和平鸽——鸽子是和平、友谊、团结、圣洁的象征。飞翔的群鸽表达了中国和世界人民追求和平、团

和平鸽日景

和平鸽、中国结、彩虹夜景

飞翔的群鸽日景

飞翔的群鸽夜景

飞翔的群鸽背面

和平鸽特写

祥云特写

组成花坛的植物

工商银行总行

巨型花坛与民族文化宫主体建筑相互辉映夜景

中国人民银行

中国人民银行前的"同一个世界"造型

中国人民银行前的"同一个梦想"造型

远洋大厦前的舵盘正面

结、友谊的美好理想和愿望。位于西长安街南侧。

民族文化宫前以中国传统花灯为原型的巨型花坛在灯光照射下显得更加具有魅力，与民族文化宫的主体建筑相互辉映，体现了中国古老的传统文化。组成花坛的植物主要有：鸡冠花、银叶菊、金叶番薯、秋海棠、非洲凤仙等。

远洋大厦位于西长安街畔，与中国人民银行隔路相望。远洋大厦前的舵盘花坛象征中国起锚远航，友谊之船连接着五大洲。

第1章 立体花坛

"龙"花坛日景

龙凤呈祥——龙、凤是中国古人根据自然界的兽类、鸟类想象创造的神物,一为"众兽之君",一为"百鸟之王"。二者是中国老百姓心中最吉祥的象征。

中国是瓷器的故乡,从丝绸之路走出去的各种精美的瓷器,把中国的文化带到了世界各地。瓷器的英文名就为china,China—china,中国—瓷器,足以证明瓷器对中国的重要性。

龙凤呈祥与瓷器花坛位于复兴门立交桥。

"龙"花坛夜景

瓷器花坛——"盘"

"凤"花坛日景

瓷器花坛——"坛"

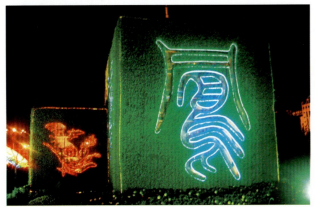
"凤"花坛夜景

国家海洋局

17

首都博物馆新馆，是一座拥有最先进设施的现代化综合性博物馆。新馆的展览陈列以首都博物馆历年收藏和北京地区的出土文物为基本素材，吸收北京历史、文物、考古及相关学科的最新研究成果，借鉴国内外博物馆的成功经验，形成独具北京特色的现代化展陈。首都博物馆以其宏大的建筑、丰富的展览、先进的技术、完善的功能，成为一座与北京"历史文化名城"、"文化中心"和"国际化大都市"地位相称的大型现代化博物馆，并跻身于"国内一流，国际先进"的博物馆行列。

金爵迎宾——金爵、金杯都是古代饮酒的器皿，象征首都博物馆的历史文化宝库像一杯千年美酒，越陈越香，给人以知识的熏陶和智慧的沉醉。

花坛采用的植物主要有：五色草、万寿菊、鸡冠花、蓝花鼠尾草、地肤、金叶番薯、非洲凤仙等。

精美的巨型金爵一

精美的巨型金爵二

具有传统图案的金杯

金爵细部

军事博物馆,是中国唯一的大型综合性军事历史博物馆,在北京天安门西面的长安街延长线上。雄伟的长城见证了红军万里长征的艰苦历程,不老的青松象征着中国的繁荣昌盛、长治久安。

2) 东长安街及延长线

中国传统舞龙与"2008"的完美结合。2008年奥运会来到中国,东方巨龙将再次腾跃,无数龙的传人将为之奋斗、以之为荣。此组花坛位于王府井大街南口,与

喷泉及水灯

长城花坛一

长城花坛二

中国传统舞龙与"2008"的完美结合

长安街交会处。

老北京冰糖葫芦，展示了老北京的民俗与商业行当。位于王府井大街北口。

"司南"、"天干地支"、"日晷"、"浑仪"这四组花坛位于东单路口，展现了中国科学文明发展的历程。中国不仅有最早的指南针，历史最悠久的农历计时法，还有日晷、浑仪等天文仪器。当今中国的科学技术也处于世界的前沿。

建国门绿化与灯光的结合，各式的节能灯具把北京的街道装点得更加绚丽。

老北京冰糖葫芦花坛夜景

司南

天干地支

日晷

浑仪

建国门绿化与灯光的结合

1.1.2 北京主要公园的立体花坛

（1）天坛，是中国古代明、清两朝历代皇帝祭天之地，是世界上最大的古代祭天建筑群。天坛是我国现存最能体现中国祭祀园林设计理念的建筑群，它的布局形式和建筑水平代表了中华民族古代建筑的最高水平。

东方希望——将天坛中祈年殿和长城的形象融合在一起，并作为一群玩着各种传统游戏的、活泼的孩童的背景。祈年殿是中国古典建筑的典型代表，长城记载了中国几千年的发展历史。孩子是祖国的未来和希望，只有他们才能把博大精深的中国传统文化继承下去。

以长城和祈年殿造型为背景的孩子们，快乐地玩着跳绳、踢毽子、滚铁环等中国传统的健身项目。

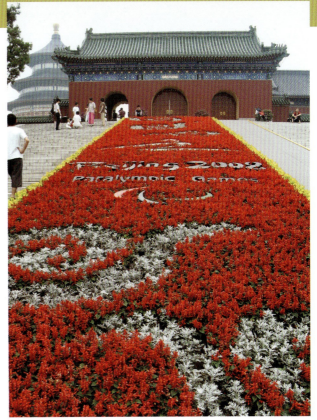
天坛建筑群内用鲜花装饰的中轴线大道

东方希望一

滚铁环

东方希望二

踢毽子

鼓与福娃——鼓是我国传统的打击乐器，鼓面上绘有进行体育活动的福娃、福牛乐乐、残奥会标志等，是中国传统文化和奥运文化的完美结合。

残奥会项目图标

祥云围绕的福娃欢欢尽情地奔跑着、运动着

福牛乐乐

残奥会标志

奥运福娃

渐变的"五环"巧妙地融入了中国长城的造型。五环代表五洲，2008年因奥运会五环齐聚中华大地。

充分融入奥运元素的中国传统打击乐器——编钟。将编钟造型的花坛置于天坛西门，让人们去畅想在优美庄严的乐声中古代帝王祭天的宏大场面。

各种小品、宣传牌与奥运立体花坛相映成趣，充分展示了中国文化、奥运精神。

渐变的"五环"一

渐变的"五环"二

编钟花坛

各种小品、宣传牌与奥运立体花坛相映成趣

中国传统文化与奥运精神、世界文明的融合。

四合院、京剧脸谱、剪纸、奥运项目、国外友人组成了一幅美好的画面

具有老北京特色的灰砖墙与中国传统窗花的奥运图案吸引着路人的眼球

曲棍球

国粹脸谱

击剑

十二生肖剪纸

（2）地坛，坐落在北京城安定门外，是明清两代皇帝祭祀土地的场所，也是中国历史上连续祭祀时间最长的一座地坛。地坛的主题建筑叫作方泽坛，呈正方形。这和天坛的圆形建筑，共同体现了中国古代"天圆地方"的观念。

五福临门——通过如意造型的花拱、祥云及运动的福娃，共同展示出中国文化与奥林匹克的体育精神。

与花坛相配套的彩门，绘满了各种中国传统的吉祥图案。

喜迎残奥——两个奥运，一样精彩，表达首都人民迎接残奥会胜利召开的喜悦心情。

拨浪鼓是我国传统、古老的乐器和玩具，出现于战国时期。

南门外彩门

西门花坛

彩虹桥

风车

南门五十六个民族，齐迎奥运

拨浪鼓

（3）颐和园，是我国现存规模最大、保存最完整的皇家园林，被誉为皇家园林博物馆。位于北京西北郊海淀区，利用昆明湖、万寿山为基址，以杭州西湖风景为蓝本，既有江南园林的风韵，又有皇家园林的气魄。

龙凤呈祥的祥云图案，主要植物有夏堇、四季秋海棠、银叶菊、波斯菊、五色草等。

吉祥和平——大象驮着宝瓶，用其谐音，来表达人们对和平、吉祥追求的美好心愿。

从昆明湖远眺颐和园万寿山

龙凤呈祥的祥云图案的主要植物

龙凤呈祥的祥云图案

大象驮着宝瓶的花坛

（4）雍和宫，是全国除西藏自治区以外，保存最完整、规模最大的一处喇嘛教寺庙。雍和宫位于北京北二环路，与地坛南门隔路相望。原为清世宗胤禛作皇子时的府第，修建于康熙三十三年（1694年），当时名为雍亲王府。雍正三年（1725年）改名为雍和宫。主要建筑物是五进大殿，一进天王殿，二进雍和宫正殿，三进永佑殿，四进法轮殿，五进万福阁。这五进大殿殿宇巍峨，气势轩昂，还有着不同于一般寺院的行宫气势，是全国"规格"最高的一座佛教寺院。

雍和宫万里长城大型立体花坛，规模较大，采用了油松等体量较大的植物，突显长城的巍峨。各种奥运项目围绕着雄伟的长城，华夏大地处处洋溢着奥运的气息。

以下为水系的做法细部及选用的植物。

雍和宫万里长城大型立体花坛

金叶番薯、长春花等

圆柏、千头柏、油松等灌木和小乔木

水葱、四季秋海棠

(5)紫竹院，因园内有明清时期庙宇福荫紫竹院而得名。公园以竹景取胜，因竹立意。此组花坛将竹文化与奥运文化融为一体，突出了紫竹院"竹"的特色。

竹笋林中的福娃进行着击剑、摔跤等体育项目，位于紫竹院公园东门。

以下是由竹制作的具有独特风格的体育项目小竹雕。

雨后春笋

喜上眉梢

牧童骑黄牛

小竹雕一

小竹雕二

小竹雕三

小竹雕四

(6) 龙潭湖公园，位于崇文区东南左安门内。全园造景紧紧围绕"龙"字展开，湖边有龙山、龙字碑林、百龙亭、古典建筑龙吟阁、龙形石雕和龙桥等，龙字石林景区由自然山石堆砌而成，石碑林立，汇集了甲骨文、秦篆、金文以及后代的著名书法家和名人题写的龙字，共229个。集中展现了中国的"龙"文化。

贝贝传递的祝福是繁荣。在中国传统文化艺术中，"鱼"和"水"的图案是繁荣与收获的象征，人们用"鲤鱼跳龙门"寓意事业有成和梦想的实现，"鱼"还有吉庆有余、年年有余的蕴含。贝贝的头部纹饰使用了中国新石器时代的鱼纹图案。贝贝温柔纯洁，是水上运动的高手，和奥林匹克五环中的蓝环相互辉映。

晶晶是一只憨态可掬的大熊猫，无论走到哪里都会带给人们欢乐。作为中国国宝，大熊猫深得世界人民的喜爱。晶晶来自广袤的森林，象征着人与自然的和谐共存。他的头部纹饰源自宋瓷上的莲花瓣造型。晶晶憨厚乐观，充满力量，代表奥林匹克五环中黑色的一环。

奥运五福娃花坛

贝贝

晶晶

欢欢是福娃中的大哥哥。他是一个火娃娃，象征奥林匹克圣火。欢欢是运动激情的化身，他将激情散播世界，传递更快、更高、更强的奥林匹克精神。欢欢所到之处，洋溢着北京2008对世界的热情。欢欢的头部纹饰源自敦煌壁画中火焰的纹样。他性格外向奔放，熟稔各项球类运动，代表奥林匹克五环中红色的一环。

迎迎是一只机敏灵活、驰骋如飞的藏羚羊，他来自中国辽阔的西部大地，将健康的美好祝福传向世界。迎迎是青藏高原特有的保护动物藏羚羊，是绿色奥运的展现。迎迎的头部纹饰融入了青藏高原和新疆等西部地区的装饰风格。他身手敏捷，是田径好手，代表奥林匹克五环中黄色的一环。

妮妮来自天空，是一只展翅飞翔的燕子，其造型创意来自北京传统的沙燕风筝。"燕"还代表燕京（古代北京的称谓）。妮妮把春天和喜悦带给人们，飞过之处播撒"祝您好运"的美好祝福。天真无邪、欢快矫捷的妮妮将在体操比赛中闪亮登场，她代表奥林匹克五环中绿色的一环。本书主编的女儿生下女孩，取乳名妮妮，给全家带来了无限的欢乐。

欢欢

迎迎

妮妮

福娃欢欢和福牛乐乐组成"欢乐北京"

（7）北京植物园，位于海淀区香山公园和玉泉山之间，自然环境十分优美，是一个集科普、科研、游览等功能于一体的综合性植物园。

奥运会吉祥物——福娃欢欢和残奥会吉祥物——福牛乐乐，组成"欢乐北京"——两个奥运，一样精彩！

世界各国人民情相系，心相连，齐聚北京，五环连五洲。奥运会不仅仅是一次体育盛会，同时也是世界人民交流学习的盛会。

更快、更高、更强——这句出自顾拜旦的好友、巴黎阿奎埃尔修道院院长迪东之口的奥林匹克格言，成为无数运动员心中的信念，激励人们奋斗拼搏。

蓝天映衬、绿树环绕的帕提农神庙花坛。帕提农神庙是希腊全盛时期建筑与雕刻的主要代表，有"希腊国宝"之称，是供奉雅典娜女神的最大神殿。帕提农原意为贞女，就是雅典娜的别名。帕提农神庙就如同中国的万里长城一样成为希腊的标志。

五环连五洲花坛

更快、更高、更强花坛

帕提农神庙花坛一

帕提农神庙花坛二

万里长城花坛

植物园万生苑观赏植物温室，展览面积为6500m²，温室内种有原产于热带、亚热带等地的观赏植物3000余种、60000余株。展室内分为热带雨林室、沙漠植物室、兰花与食虫植物室、四季花园等区。

万生苑前的花海。五色草组成的皮划艇、金鱼在由各种菊花汇成的花海驰骋、游弋。

万生苑观赏植物温室

万生苑前的花海一

万生苑前的花海二

五色草组成的鱼——年年有余

五色草组成的皮划艇一

五色草组成的皮划艇二

五色草组成的皮划艇三

国宝熊猫

2008年，金鼠迎奥

植物园的草地上有一组由五色草组成的展现各种奥运项目的立体花坛。一个个精巧细腻的小雕塑将各种体育项目表现得活灵活现，富有生气。

赛艇花坛

马术花坛

皮划艇激流回转花坛

艺术体操花坛

跳水花坛

沙滩排球花坛

帆船花坛

皮划艇静水花坛

田径花坛

蹦床花坛

北海公园,墨舞祥龙,这个"龙"字又如两条踏浪腾空飞舞的祥龙,花坛的基础色调淡雅,旨在烘托书法艺术的雅韵,营造吉祥、和谐的气氛。

手球花坛

曲棍球花坛

铁人三项花坛

水球花坛

花样游泳花坛

摔跤花坛

自行车赛花坛一

自行车赛花坛二

1.1.3 道路立体花坛

1. 安贞桥

中国早已敞开大门，憨厚可爱的熊猫挥舞着鲜红的国旗迎接世界，迎接每一个友好的朋友。中国也早已扬起风帆，驶向世界。

熊猫舞旗——中国扬帆花坛侧面

熊猫舞旗——中国扬帆花坛正面

中国折扇与道路绿化的结合

2. 菜市口

空竹，也叫舞铃，即用一根长绳舞耍一个哑铃形状的滚轴，有1700多年的历史，是中国古老的民族体育奇葩。

3. 东二环
4. 元大都城垣遗址公园

空竹花坛

舞动的"中国印"

中国传统灯笼花坛

灯笼上的京剧脸谱

元大都城垣遗址公园花坛

灯笼上的奥运项目

马球比赛花坛

运用中国传统花灯的造型,融入了许多奥运的元素,五个福娃、五种颜色、五个大洲,围绕着"中国印",营造笑迎四海宾朋的景观氛围

1.1.4 单位门前

为了迎接2008年奥运会，北京每个单位在绿化方面都作出了贡献，尤其重点美化了门前街景，几乎每个单位都做了大大小小的花坛，这里仅介绍编者拍摄的其中一部分。

中国国家京剧院，是中华人民共和国文化部直属的国家级剧院。其最早的前身是1942年在党中央的关怀下成立的延安平剧研究院。毛泽东主席曾为该院题词"推陈出新"，为戏曲事业提出了具有历史意义的指导方针。

梅花香自苦寒来——1983年，经历了10年浩劫的中国戏剧舞台萧条沉寂，演员青黄不接。为了使戏剧表演艺术重新焕发青春，中国戏剧家协会《戏剧报》（即《中国戏剧》前身）以"梅花香自苦寒来"为寓意，设立了我国第一个以表彰和奖励优秀戏剧表演人才、繁荣和发展社会主义戏剧事业为宗旨的戏剧大奖——梅花奖。

脸谱是中国戏曲演员脸上的绘画，用于舞台演出时的化妆造型艺术。中国京剧脸谱艺术是广大戏曲爱好者非常喜爱的艺术门类，在国内外流行的范围相当广泛，已经被大家公认为中华民族传统文化的标志。

梅花花坛

蓝色脸：表现性格刚直、桀骜不驯

红色脸：象征忠义、耿直、有血性

金色脸：象征威武、庄严，表现神仙一类角色

北京林业大学

中国地质大学

北京语言大学

中国矿业大学

中国农业大学

国家图书馆

北京市科学技术研究院

北京市科学技术研究院

富力城

1.1.5 长安街

"放眼世界"立体花坛：抽象的造型既像眼睛又像扬起的风帆，象征着中国走向世界、放眼未来的美好愿望。

天坛、长城、水立方、国家大剧院，此组花坛以北京的标志性建筑为基本元素。

"长江三峡"立体花坛

"放眼世界"立体花坛

祖国60周年赞曲

第1章 立体花坛

天安门广场的巨型花篮

人文奥运，科技奥运，绿色奥运花坛

天坛、长城、水立方、国家大剧院图案的花坛

动车组花坛

47

立体绿化

人文北京，科技北京，绿色北京花坛

1949-2009 新中国成立60周年花坛

上海世博会吉祥物——海宝花坛

由鸟巢、水立方、体育项目组成的花坛

"自然之歌"立体花坛：运用老北京建筑一角中的雨燕、斗栱、屋檐等元素组成一幅人与自然和谐的画面，象征着人们生活美满，预示着美好的未来。

"信息时代"立体花坛：花坛运用电脑的键盘、主板等元素，描绘了我国当今信息技术蓬勃发展的景象。

军事博物馆前的和平鸽花环花坛

"自然之歌"立体花坛

"信息时代"立体花坛

"神舟飞天"立体花坛：长征火箭、神舟飞船、太空服，一个个被赋予特殊文化意义的称谓，寄托着中国人对太空探索的浪漫想象，承载着中华儿女千年的飞天梦想。神舟七号使中国人第一次在浩瀚深邃的宇宙中留下自己的脚印。花坛以神舟飞船为主题，来体现我国在高科技领域取得的令世人瞩目的成就。

"神舟飞天"立体花坛

"巨龙腾飞"立体花坛:"60"既是祖国的60岁生日,又是巨龙的变形,以巨龙腾飞的造型来反映祖国60年以来取得的辉煌成就。

"玉振之鸣"立体花坛:磬是中国古老民族乐器之一,它的造型古朴、制作精美。磬的历史悠久,在远古母系社会,磬被称为"石"和"鸣球",当时人们以渔猎为生,劳动之余,敲点石头,装扮成各种野兽跳舞娱乐。这种敲击的石头后来逐渐演变成打击乐器磬,用于盛大庆典。

由黄红两种中国传统的喜庆颜色组成的"如意"和"60"象征新中国成立60年来的繁荣富强。

"巨龙腾飞"立体花坛

"玉振之鸣"立体花坛

"举国欢庆"立体花坛

国庆60周年立体花坛

"和谐之门"立体花坛：以北京南大门为设计灵感，以门钉、"和"字为细部变化，对称布置一组缀花拱门，造型简洁、大方，具有强烈的视觉冲击力。"和谐之门"与永定门城楼遥相呼应，寓意祖国民族团结、人民生活幸福美满。

"绿色呼唤"立体花坛：花坛运用中国传统园林框景和自然式布局的手法，以高8.5m的五色草天坛剪影为主景，以高大的绿植为背景，通过人工塑石、喷泉跌水、灯光等多种手法，寓意祖国活力无限、生机勃发，烘托了喜庆热烈的国庆气氛。

"和谐之门"立体花坛

"盛世祥龙"立体花坛

"绿色呼唤"立体花坛

"绿色呼唤"立体花坛

1.1.6 奥林匹克公园

奥林匹克公园诸小品花坛

1.1.7 植物园

小红丛景天

彩叶草

佛甲草

植物园诸小品花坛之一

植物园诸小品花坛之二

植物园诸小品花坛

花博会诸小品花坛

1.2 立体花坛的施工技术

立体花坛的制作需要集美术雕塑、建筑设计、园艺知识等多种技术于一体。它是在由钢架等材料做成的基本形态结构上覆盖尼龙网等材料,将包裹了营养土的植株用各种有机介质附着在固定结构上,表面的植物覆盖率通常要达到80%以上,不同色彩的植株密布于三维立体的构架上,最终组成了五彩斑斓的立体花坛作品。

一座好的立体花坛的制作先要设计定稿,然后进行场外施工。现在用得比较多的方法是:按图纸用钢材焊好骨架,按照设计和需求铺设灌溉系统,包裹一层麻袋片,再包裹一层遮阳网,在遮阳网和麻袋片中间填充基质(轻型基质),最后就可以按设计的品种、颜色往上栽种植物。而苗木的培育从4个月前就要开始。种植完毕后,将植物表面修剪平整,整个立体花坛作品的制作才告完成。

制作过程图解:

按照设计焊接骨架

灌溉系统的铺设

骨架基础制作

灌溉系统细部

遮阳网及内部填充基质

植物种植

灌溉系统喷头

最终效果

1.3 北京立体花坛的植物选择及常用植物

制作立体花坛选取的植物材料一般以小型草本为主，依据不同的设计方案也选择一些小型的灌木与观赏草等。用于立面的植物要求叶形细巧、叶色鲜艳、耐修剪、适应性极强。红绿草类是立体花坛用最理想的植物。用于立面的其他植物还有银灰色的银叶菊、芙蓉菊等，黄色系的有万寿菊、金叶景天等。经过反复实践，北京地区最常用的植物如下所列。

1.3.1 草本

1. 观花类

（1）鸡冠花（*Celosiae cristatae*），苋科，青葙属。一年生草本，株高20～150cm，茎直立粗壮，叶互生，长卵形或卵状披针形，肉穗状花序顶生，呈扇形、肾形、扁球形等，自然花期夏、秋至霜降。常用种子繁殖，生长期喜高温、全光照且空气干燥的环境，较耐旱，不耐寒，繁殖能力强。秋季花盛开时采收、晒干。叶卵状披针形至披针形，全缘。花序顶生及腋生，扁平鸡冠形。花有白、淡黄、金黄、淡红、火红、紫红、棕红、橙红等色。胞果卵形，种子黑色有光泽。 鸡冠花，茎红色或青白色；叶互生有柄，叶有深红、翠绿、黄绿、红绿等多种颜色；花聚生于顶部，形似鸡冠，扁平而厚软，长在植株上呈倒扫帚状。花色亦丰富多彩，有紫色、橙黄、白色、红黄相杂等色。种子细小，呈紫黑色，藏于花冠绒毛内。鸡冠花植株有高型、中型、矮型三种，高的可达2～3m，矮的只有30cm高。鸡冠花的花期较长，可从7月开到12月。

（2）万寿菊（*Tagetes erecta*），菊科，万寿菊属。一年生草本植物，株高60～100cm，全株具异味，茎粗壮，绿色，直立。单叶羽状全裂对生，裂片披针形，具锯齿，上部叶时有互生，裂片边缘有油腺，锯齿有芒。头状花序着生枝顶，径可达10cm，黄或橙色，总花梗肿大，花期8～9月。瘦果黑色，冠毛淡黄色。

（3）孔雀草（*Tagetes patula*），菊科，万寿菊属。株高30～40cm。羽状复叶，小叶披针形。花梗自叶腋抽

胭脂红鸡冠花

橘黄鸡冠花

万寿菊

出，头状花序顶生，单瓣或重瓣。花色有红褐、黄褐、淡黄、杂紫红色斑点等。花形与万寿菊相似，但较小朵而繁多。开花时，在矮墩墩多分枝的棵儿上，黄澄澄的花朵布满梢头，显得绚丽可爱。孔雀草有很好的观赏价值，适宜盆栽、地栽和做切花。叶对生，羽状分裂，

孔雀草

裂片披针形，叶缘有明显的油腺点。头状花序顶生，花外轮为暗红色，内部为黄色，故又名红黄草。因为种间反复杂交，故除红黄色外，还培育出纯黄色、橙色等品种，还有单瓣、复瓣等品种。花期从"五一"一直开到"十一"。

(4) 百日草（*Zinnia elegans*），菊科，百日草属。为一年生草本植物，茎直立粗壮，上被短毛，表面粗糙，株高40～120cm。叶对生无柄，叶基部抱茎。叶形为卵圆形至长椭圆形，叶全缘，上被短刚毛。头状花序单生枝端，梗甚长。花径4～10cm，大型花径12～15cm。舌状花多轮，花瓣呈倒卵形，有白、绿、黄、粉、红、橙等色；管状花集中在花盘中央，黄橙色，边缘分裂；瘦果广卵形至瓶形；筒状花结出的瘦果椭圆形、扁小。花期6～9月，果熟期8～10月。种子千粒重5.9g，寿命3年。

百日草

品种类型很多，一般分为：大花高茎类型，株高90～120cm，分枝少；中花中茎类型，株高50～60cm，分枝较多；小花丛生类型，株高仅40cm，分枝多。按花型常分为大花重瓣型、纽扣型、鸵羽型、大丽花型、斑纹型、低矮型。

百日草花大色艳，开花早，花期长，株形美观，是常见的花坛、花境材料。高杆品种适合作切花生产。

(5) 四季秋海棠（*Begonia*×*semperflorens-cultorum*），秋海棠科，秋海棠属。为多年生草本或木本。晶莹翠绿的叶片，娇嫩艳丽的花朵，却艳而不俗、华美端庄。用来点缀居室，十分清新幽雅。如果作吊盆、壁挂栽植，悬挂室内，则别具情趣。秋海棠茎绿色，节部膨大多汁。有的有根茎，有的有块状茎。叶互生，有圆形或两侧不等的斜心脏形，有的叶片形似象耳，叶色有纯绿、红绿、紫红、深褐、或有白色斑纹，背面红色，有的叶片有突起。花顶生或腋生，聚伞花序，花有白、粉、红等色，花期四季，但以春秋二季最盛。秋海棠类有400种以上，而园艺品种近千。

四季秋海棠

(6) 非洲凤仙（*Impatiens sultanii*），凤仙花科，凤仙花属。非洲凤仙为多年生草本。茎多汁，光滑，节间膨大，多分枝，在株顶呈平面开展。叶有长柄，叶卵形，边缘钝锯齿状。花腋生，1～3朵，花形扁平，花色丰富。

(7) 矮牵牛（*Petunia hyhrida*），茄科，矮牵牛属。多年生草本，常作一二年生栽培，株高15～60cm，全株被黏毛，茎基部木质化，嫩茎直立，老茎匍匐状。单叶互生，卵形，全缘，近无柄，上部叶对生。花单生叶腋或顶生，花较大，花冠漏斗状，边缘5浅裂。花期4～10月。

矮牵牛

(8) 长春花 (Catharanthus roseus)，夹竹桃科，长春花属。长春花为多年生草本。茎直立，多分枝。叶对生，长椭圆状，叶柄短，全缘，两面光滑无毛，主脉白色明显。聚伞花序顶生。花有红、紫、粉、白、黄等多种颜色，花冠高脚碟状，5裂，花朵中心有深色洞眼。长春花的嫩枝顶端，每长出一叶片，叶腋间即冒出两朵花，因此它的花朵特多，花期特长，花势繁茂，生机勃勃。从春到秋开花从不间断，所以有"日日春"之美名。

长春花

(9) 一串红 (Salvia spcendens)，唇形科，鼠尾草属。草本。茎高约80cm，光滑。叶片卵形或卵圆形，长4～8cm，宽2.5～6.5cm，顶端渐尖，基部圆形，两面无毛。轮伞花序具2～6花，密集成顶生假总状花序，苞片卵圆形；花萼钟形，长11～22mm，绯红色，上唇全缘，下唇2裂，齿卵形，顶端急尖；花冠红色，冠筒伸出萼外，长约3.5～5cm，外面有红色柔毛，筒内无毛环；雄蕊和花柱伸出花冠外。小坚果卵形，有3棱，平滑。花期7～10月。

一串红

(10) 夏堇 (Torenia fournieri)，玄参科，蓝猪耳属。株高15～30cm，株形整齐而紧密。花腋生或顶生，总状花序，花色有紫青色、桃红色、蓝紫色、深桃红色及紫色等，花期7～10月，花朵小巧，花色丰富，花期长，生性强健，适合阳台、花坛、花台等种植，也是优良的吊盆花卉。

夏堇

(11) 蓝花鼠尾草 (Salvia farinacea)，唇形花科，鼠尾草属。多年生草本，高度30～60cm，植株呈丛生状，植株被柔毛。茎为四角柱状，且有毛，下部略木质化，呈亚低木状。叶对生长、椭圆形，长3～5cm，灰绿色，叶表有凹凸状织纹，且有折皱，灰白色，香味刺鼻浓郁。具长穗状花序，长约12cm，花小紫色，花量

蓝花鼠尾草

大，花期夏季。

(12) 石竹 (Dianthus chinensis)，石竹科，石竹属。为多年生草本植物，但一般作一二年生栽培。北方秋播，来春开花；南方春播，夏秋开花。株高30～40cm，直立簇生。茎直立，有节，多分枝，叶对生，条形或线状披针形。花萼筒圆形，花单朵或数朵簇生于茎顶，形成聚伞花序，花径2～3cm，花色有紫红、

石竹

大红、粉红、紫红、纯白、红、杂等色，单瓣5枚或重瓣，先端锯齿状，微具香气。花瓣阳面中下部组成黑色美丽环纹，盛开时瓣面如碟闪着绒光，绚丽多彩。花期4～10月，集中于4～5月。蒴果矩圆形或长圆形，种子扁圆形，黑褐色。

2. 观叶类

(1) 五色草 (Altemanthera bettzichiana)，苋科，锦绣苋属。多年生草本。株高5～20cm。茎多分枝。单叶对生，匙状披针形、椭圆形或倒卵形。头状花序生于叶腋。胞果。花期从12月至翌年2月。五色草耐旱性较强，植株低矮繁茂，分枝短而多，耐修剪，叶色特

五色草

殊，秋凉后更加亮丽，故在北方大量应用不同叶色的五色草配制成各种图案，进行动物造型或制作文字花坛，其色彩亮丽，对比度强，观赏效果好。繁殖容易，栽培

简单,是一种优秀的雕塑造型、大型标志租摆材料。

(2) 彩叶草(*Coleus blumei*),五色草,唇形科,鞘蕊花属。为多年生草本植物,老株可长成亚灌木状,但株形难看,观赏价值低,故多作一二年生栽培。株高50~80cm,栽培苗多控制在30cm以下。全株有毛,茎为四棱,基部木质化,单叶对生,卵圆形,先端长渐尖,缘具钝齿,叶可长15cm。

彩叶草

叶面绿色,有淡黄、桃红、朱红、紫等色彩鲜艳的斑纹。顶生总状花序,花小,浅蓝色或浅紫色。小坚果平滑有光泽。彩叶草变种、品种极多,五色彩叶草(var. verschaffel)叶片有淡黄、桃红、朱红、暗红等色斑纹,长势强健。黄绿叶型彩叶草(Chartreuse TyPe),叶小,黄绿色,矮性分枝多。皱边型彩叶草(Fringed TyPe),叶缘裂而波皱。大叶型彩叶草(Large~Leaved Type),具大型卵圆形叶,植株高大,分枝少,叶面凹凸不平。各种叶型中还有不少品种,并且仍在不断地培育新品种,使彩叶草在花卉装饰中占有重要地位。

(3) 玉带草(*Pratia nummularia*),禾本科,芦竹属。根部粗而多节。秆高1~3m,茎部粗壮近木质化。叶宽1~3.5cm。圆锥花序长10~40cm,小穗通常含4~7个小花。花序形似毛帚。叶互生,排成两列,弯垂,具白色条纹。高度范围为1.2m,地上茎挺直,有间节,似竹;喜温喜光,耐湿,较耐寒,主要用于水景园背景材料,也可点缀于桥、亭、榭四周或花坛、花台,可盆栽用于庭院观赏。

玉带草

(4) 红苋草(*Alternanthera bettzickiana*),苋科,莲子草属。植株低矮,高约5~20cm。茎多分枝,伸长后呈半匍匐性或半蔓性。花小形,生于叶腋,灰白色。叶小形,长披针形,叶面略卷曲,叶脉明显。叶面淡绿色,叶背呈红色或桃红色,叶色随季节生长而变化,呈绯红或褐红色。生性健旺,栽培容易,多用于花坛边缘栽植。

红苋草

(5) 银叶菊(*Senecio cineraria*),菊科,矢车菊属。植株多分枝,高度一般在50~80cm,叶1~2回羽状分裂,正反面均被银白色柔毛,头状花序单生枝顶,花小、黄色,花期6~9月,种籽7月开始陆续成熟。其银白色的叶片远看像一片白云,与其他色彩的纯色花卉配置栽植,效果极佳,是重要的花坛观叶植物。喜凉爽湿润、阳光充足。

银叶菊

(6) 垂盆草(*Sedum sarmentosum*),景天科,景天属。多年生肉质草本,不育枝匍匐生根,结实枝直立,长10~20cm。叶3片轮生,倒披针形至长圆形,长15~25mm,宽3~5mm,顶端尖,基部渐狭,全缘。聚伞花序疏松,常3~5分枝;花淡黄色,无梗;萼片5,阔披针形至长圆形,长3.5~5mm,顶端稍钝;花瓣5,披针形至长圆形,长5~8mm,顶端外侧有长尖头;雄蕊10,较花瓣短;心皮5,稍开展。种子细小,卵圆形,无翅,表面有乳头突起。花期5~6月,果期7~8月。喜阴湿,又耐干旱,垂盆草叶质肥厚,色绿如翡翠,颇为整齐美观;不耐践踏,可作封闭式地被材料。也可用于模纹花坛配制图案,或用于岩石园及吊盆观赏等。

(7) 佛甲草(*Sedum lineare*),景天科,佛甲草属。多年生肉质草本,全体无毛。茎纤细倾卧,长10~15cm,着地部分节节生根。叶3~4片轮生,近无柄,线形至倒披针形,长2~2.5cm,先端近短尖,基部有短距。聚伞花序顶生,花黄色、细小,萼5片,无距或有时具假距,线状披针形,长1.5~7mm,钝头

佛甲草

石榴

通常不相等；花瓣5，矩圆形，长4～6mm，先端短尖，基部渐狭；雄蕊10，心皮5，成熟时分离，长4～5mm，花柱短。

（8）紫叶酢浆草（*Oxalis triangularis*），酢浆草科，酢浆草属。多年生宿根草本，株高15～20cm，具根状茎，根状茎直立，地下块状根茎粗大呈纺锤形。叶丛生，具长柄，掌状复叶，小叶3枚，无柄，倒三角形，上端中央微凹，叶大而紫红色，被少量白毛。花葶高出叶面约5～10cm，伞形花序有花5～8朵，花瓣5枚，淡红色或淡紫色，花期4～11月。多年生宿根草本，株高15～20cm，喜湿润、半阴且通风良好的环境，耐旱耐寒；植株整齐，叶色紫红，紫红色叶片美丽诱人，粉红色花朵烂漫可爱。盆栽用来布置花坛，点缀景点，线条清晰，富有自然色感，是极好的盆栽和地被植物。可以作为林缘植物或大面积片植观赏。

紫叶酢浆草

（9）地肤（*Kochia scoparia*）藜科，地肤属。一年生草本，高50～150cm。茎直立，多分枝；分枝与小枝散射或斜伸，淡绿色或浅红色，幼时有软毛，后变光滑。叶片线形或披针形，长3～8cm，宽4～12mm，两端均渐狭细，全缘，无毛或有短柔毛；无柄。花无梗，1～2朵生于叶腋；花被5裂，下部联合，结果后，背部各生一横翅。胞果扁球形，包在草质花被内。花期7～9月，果期8～10月。

地肤

1.3.2 灌木、小乔木类

（1）石榴（*Punica granatum*），石榴科，石榴属。落叶灌木或小乔木。树冠丛状自然圆头形。树根黄褐色。生长强健，根际易生根蘖。树高可达5～7m，一般3～4m，但矮生石榴仅高约1m或更矮。树干呈灰褐色，上有瘤状突起，干多向左方扭转。树冠内分枝多，嫩枝有棱，多呈方形。小枝柔韧，不易折断。一次枝在生长旺盛的小枝上交错对生，具小刺，刺的长短与品种和生长情况有关。旺树多刺，老树少刺。叶对生或簇生，呈长披针形至长圆形，或椭圆状披针形，顶端尖，表面有光泽，背面中脉凸起；有短叶柄。花两性；一般1朵至数朵着生在当年新梢顶端及顶端以下的叶腋间；萼片硬，肉质，管状，宿存；花瓣倒卵形，与萼片同数而互生，覆瓦状排列。花有单瓣、重瓣之分。重瓣品种雌雄蕊多瓣化而不孕，花瓣多达数十枚；花多红色，也有白色和黄、粉红、玛瑙等色。雄蕊多数，花丝无毛。浆果，外种皮肉质，呈鲜红、淡红或白色，多汁，甜而带酸，即为可食用的部分。果石榴花期5～6月，榴花似火，果期9～10月。花石榴花期5～10月。

（2）紫薇（*Lagerstroemia indica*），千屈菜科，紫薇属。落叶灌木或小乔木。树皮易脱落，树干光滑。幼枝略呈四棱形，稍成翅状。叶互生或对生，近无柄，椭圆形、倒卵形或长椭圆形，光滑无毛或沿主脉上有毛。圆锥花序顶生；花萼6浅裂，裂片卵形，外面平滑；花瓣6，红色或粉红色，边缘有不规则缺刻，基部有长爪。蒴果椭圆状球形，长9～13mm，宽8～11mm，6瓣裂。种子有翅。花期6～9月，果期7～9月。树干愈老愈光华，用手抚摸，全株微微颤动，故又称为入惊儿树、痒痒树。

（3）叶子花（*Bougainvillea spectabilis*），紫茉莉科，叶子花属。叶子花属攀缘状灌木。枝具刺，拱形下垂。单叶互生，卵形全缘或卵状披针形，被厚绒毛，顶端圆钝。花顶生，花很细，小黄绿色，常三朵簇生于三枚较大的苞片内，花梗与苞片中脉合生，苞片卵圆形，为主要观赏部位。苞片匙状，有鲜红色、橙黄色、紫红色、乳白色等；从叶子又可分花叶和普通2类；苞片则有单瓣、重瓣之分；苞片形似艳丽的花瓣，故名叶子花、三角花。

（4）苏铁（*Cycas revoluta*），苏铁科，苏铁属。茎干圆柱状，不分枝，仅在生长点破坏后，才能在伤口下萌发出丛生的枝芽，呈多头状。茎部密被宿存的叶基和叶痕，并呈鳞片状。叶从茎顶部生出，羽状复叶，大型。小叶线形，初生时内卷，后向上斜展，微呈"V"字形，边缘显著向下反卷，厚革质，坚硬，有光泽，先端锐尖，叶背密生锈色绒毛，基部小叶成刺状。雌雄异株，6~8月开花，雄球花圆柱形，黄色，密被黄褐色绒毛，直立于茎顶；雌球花扁球形，上部羽状分裂，其下方两侧着生有2~4个裸露的胚球。种子10月成熟，种子大，卵形而稍扁，熟时红褐色或橘红色。苏铁雌雄异株，花形各异，雄花长椭圆形，挺立于青绿的羽叶之中，黄褐色；雌花扁圆形，浅黄色，紧贴于茎顶。花期6~8月。种子卵圆形，微扁，熟时红色。

（5）散尾葵（*Chrysalidocarpus lutescens*），棕榈科，散尾葵属。丛生常绿灌木或小乔木。茎干光滑，黄绿色，无毛刺，嫩时披蜡粉，上有明显叶痕，呈环纹状。叶面滑细长，羽状复叶，全裂，长40~150cm，叶柄稍弯曲，先端柔软；裂片条状披针形，左右两侧不对称，中部裂片长约50cm，顶部裂片仅10cm，端长渐尖，常为2短裂，背面主脉隆起；叶柄、叶轴、叶鞘均淡黄绿色；叶鞘圆筒形，包茎。肉穗花序圆锥状，生于叶鞘下，多分枝，长约40cm，宽50cm；花小，金黄色，花期3~4月。果近圆形，长1.2cm，宽1.1cm，橙黄色。种子1~3枚，卵形至椭圆形。基部多分蘖，呈丛生状生长。

（6）变叶木（*Codiaeum variegatum*），大戟科，变叶木属。常绿灌木或小乔木。高1~2m。单叶互生，厚革质；叶形和叶色依品种不同而有很大差异。叶片形状有线形、披针形至椭圆形，边缘全缘或者分裂，波浪状或螺旋状扭曲，叶片上常具有白、紫、黄、红色的斑块和纹路，全株有乳状液体。总状花序生于上部叶腋，花白色不显眼。常见品种有：长叶形，叶片呈披针形，绿色叶片上有黄色斑纹；角叶型，叶片细长，叶片先端有一翘角；螺旋形，叶片波浪起伏，呈不规则扭曲与旋卷，叶铜绿色，中脉红色，叶上带黄色斑点；细叶形，叶带状，宽只及叶长的1/10，极细长，叶色深绿，上有黄色斑点；阔叶型，叶片卵形或倒卵形，浓绿色，具鲜黄色斑点。

（7）黄槐（*Cassia surattensis*）苏木科，决明属。双数羽状复叶；叶柄及最下2~3对小叶间的叶轴上有2~3枚棍棒状腺体；小叶14~18枚，长椭圆形或卵形，长2~5cm，宽1~1.5cm，先端圆，微凹，基部圆，常偏斜，背面粉绿色，有短毛。伞房状花序生于枝条上部的叶腋，长5~8cm；花黄色或深黄色，长1.5~2cm；雄蕊10，全部发育；下面的2~3枚雄蕊的花药较大；子房有毛。荚果条形，长7~10cm，宽0.8~1.2cm。种子间微缢缩，先端有喙。全年开花结果。

（8）圆柏（*Sabina chinensis*），柏科，圆柏属。常绿乔木。树冠尖塔形或圆锥形，树皮灰褐色，裂成长条片，成狭条纵裂脱落。叶深绿色，有两型，镁叶钝尖，背面近中部有椭圆形微凹的腺体；刺形叶披针形，三叶轮生。雌雄异株，少同株，球果近圆球形。

（9）油松（*Pinus tabulaeformis*），松科，松属。树冠在壮年期呈塔形或广卵形，在老年期呈盘状伞形。树皮灰棕色，呈鳞片状开裂，裂缝红褐色。上枝粗壮，无毛，褐黄色；冬芽圆形，端尖，红棕色，在顶芽旁常轮生有3~5个侧芽。叶2针1束，罕3针1束，长10~15cm，树脂道5~8或更多，边生；叶鞘宿存。雄球花橙黄色，雌球花绿紫色。当年小球果的种鳞顶端有刺，球果卵形，长4~9cm。无柄或有极短柄，可宿存枝上达数年之久，种鳞的鳞背肥厚，横脊显著，鳞脐有刺。种子卵形，长6~8mm，淡褐色有斑纹；翅长约1cm，黄白色，有褐色条纹。子叶8~12枚。花期4~5月；果次年10月成熟。

第2章 容器绿化

在城市快速发展的今天，越来越多的天然地面被硬质铺装所覆盖，不仅造成景观的单一，而且阻断了自然界的水循环，造成了严重的地下水位沉降和城市积水；更多的硬地面热反射，加强了城市热岛效应。在城市的水泥地面或硬铺装上，尤其在广场、商业区或城市道路旁，利用盆、钵或盒体种植花木，进行拼摆或组装，丰富景观效果；植物可以减少硬地面热反射，吸收有害气体，可以在一定程度上改善生态环境；同时，容器绿化还具有一定的蓄水能力，能缓解城市遇暴雨时的积水程度。经过园林绿化工作者的不断探索，绿化的容器不仅在形式上呈现多样化，而且在技术上也有大的飞跃，实现了节水型、立体化的突破。

2.1 传统的种植容器：花坛、花钵

奥林匹克公园中轴景观大道

金叶番薯

矮牵牛、蓝花鼠尾草

鲜亮的矮牵牛包围着的翠绿的灰莉在湖边千屈菜背景映衬下更加美丽

火热的四季秋海棠和古朴的电话亭相互衬托

国际立体绿化促进中心门口的木箱植栽

矮牵牛、灰莉、万寿菊等

　　奥林匹克公园中轴景观大道，密植矮牵牛和金叶番薯的大型木箱与奥林匹克公园的整体环境相协调。

　　国际立体绿化促进中心门口的木箱植栽，木箱的下半部分为储水箱，利用棉条吸水供给植物。种植的多为南方植物如鸭脚木、白鹤芋等，木箱移动方便，到了初冬天气凉的时候便移入屋内。

　　王府井商业街，历史悠久、传统古朴，是北京最著名的商业步行街。在这条街上，包容了古老的商业文明，创立了许多闻名天下的中华老字号，同时又吸收了外来的西方文化，聚集了全球许多跨国公司的品牌产品。

矮牵牛、灰莉、万寿菊等（精巧的小木箱与休息长凳结合在一起，让逛街累了的人得以休息的时候又能感受植物的自然气息）

变叶木、矮牵牛、万寿菊、鸭趾草、四季秋海棠、富贵竹等

街道广场上的花钵、花箱俨然成为一道美丽的风景线

百日草和原木材料的花箱让生硬的灰色地面变得丰富而有生机

月季、金娃娃

天主教堂前广场上错落有致的石花钵

夏堇、四季秋海棠、万寿菊、彩叶草

矮牵牛、万寿菊

一串红、万寿菊等

矮牵牛、四季秋海棠

几盆精致的盆栽，凸显温馨的气氛

孔雀草、矮牵牛

矮牵牛、万寿菊

一串红、矮牵牛、万寿菊

金叶番薯、夏堇、非洲凤仙

金叶番薯、四季秋海棠等

银叶菊、四季秋海棠

花钵

2.2 新型节水立体容器

应时而生的新型立体种植容器,具有多种形状。

2.2.1 几种新型容器的介绍

1. 花球

花球结构示意及图片举例

2. 花墙

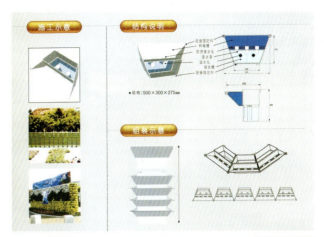

花墙结构示意及图片举例

海淀公园的花墙

3. 花柱

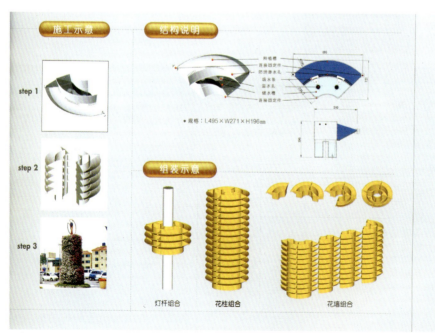

花柱结构示意及图片举例

第2章 容器绿化

海淀公园的花柱

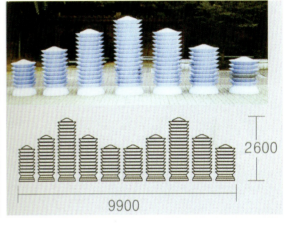

组合花柱结构示意

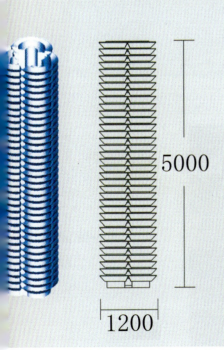

运用在道路绿化上的花柱

4. 灯杆

2.2.2 北京奥运会立体植物种植容器图片

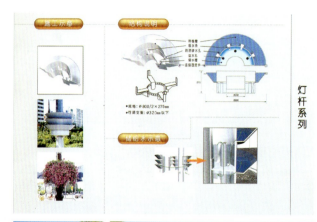

国奥村五色的花柱迎接世界各地的运动健儿

灯杆也美起来了

海淀公园亮丽的非洲凤仙和飘逸的常春藤

石景山区地面鲜花与立体花柱浑然一体

树底下也"长"出了美丽的小花

海淀公园地面绿化与灯杆绿化各显其美

四季秋海棠花球

立体绿化

山水文园古朴的木架造型绿化吸引着行人的眼球

西苑饭店五色的彩桥与彩球

植物园各色花球装点的木架，倒映在静静的湖水中，成为植物园的一大美景

马路边不同高度的花柱就是一串悦耳的音符

2.2.3 新型节水容器的特点

1. 节水省工

节水型花盆每个都有独立的储水槽与种植槽分离，依据煤油灯吸油的原理，采用棉条自动吸水供水，达到节水最大化的目的。即使在最干旱的季节，一次注满水可坚持20～25天，在雨季可坚持1～2月给水槽补水一次，省去了以往给花盆每日浇水的麻烦，节约了城市宝贵的水资源和大量的人力、物力。

2. 任意组合，丰富多彩

根据实际需要，任意组合成花墙、花柱、花坛等，可以是圆形、梅花形、三角形等各种不同形状。颜色万紫千红，变化无穷。

3. 每一层都具有旋转功能，能迅速成景

这一特点符合现代化城市发展的需求和效率。它摆脱了土地种植的局限性，移动方便，能快速组装成型，短时间内就能形成优异的景观效果。

4. 空中立体绿化的多面手

广泛应用于广场、人行道、草坪等地面的花坛、花墙、花柱；也可用于窗台、阳台、墙体、护栏、过街天桥、立交桥等垂直绿化；在屋顶四周女儿墙、灯杆等空中绿化中同样是好手。

第3章
屋顶绿化

3.1 屋顶草坪

屋顶草坪,又被人们形象地称为轻型屋顶绿化或纯生态屋顶绿化。屋顶草坪对屋面负荷的要求比较低,只增加重量小于70kg/m²,几乎适合各种屋顶。可以达到迅速建设、立竿见影的效果;管理简便,建造、养护费用低廉,北京的市场价为150元/m²,建成后只要少量、适度地进行一些灌溉就能保持良好的景观效果;生态作用非常显著,屋顶草坪适用于大面积推广应用。

经过多年不断的科研实践,屋顶草坪绿化技术发展到更安全、更成熟的阶段。2004年东城区环保局,从大气综合治理的角度出发,在东四六条做了一万多平方米的屋顶草坪,吸纳可吸入颗粒物的效果非常显著。

2005年,北京市政府把实施10万m²屋顶绿化作为奥运蓝天工程的一个组成部分,作为为百姓办55件实事之一推出,当年完成了13万m²的屋顶草坪绿化。经过近年来的考验,屋顶草坪表现良好

3.1.1 北京屋顶草坪

经过近几年的努力探索和大力宣传，越来越多的人认识到屋顶草坪的作用及优势，北京的许多不同性质的单位开始建造屋顶草坪，现将这几年北京做得比较好的一些屋顶草坪介绍如下。

1. 全国政协礼堂屋顶草坪

全国政协礼堂坐落在西城区阜成门内大街，始建于1954年，属欧式建筑风格，外形庄严、典雅、大方，内部厅堂华丽，是新中国较早的重要建筑之一，是一个集会议、演出、娱乐、餐饮、健身、休闲、社交为一体的综合性多功能场所，但由于地面绿化面积非常有限，所以发展屋顶绿化成为改善环境的最好途径。考虑到礼堂建筑修建较早，要做到既安全又美观，屋顶草坪是最佳的选择。

西侧顶层简洁大方的步道设计与庄重典雅的全国政协礼堂相得益彰

女儿墙上翠绿飘逸的迎春将建筑僵硬的线条变得柔和自然，使得整体景观更加和谐统一，过路行人都能欣赏到美景

东侧建筑的屋顶草坪与中庭的植物结合得天衣无缝

节水型灌溉系统，使得全国政协礼堂的屋顶绿化的养护自动化程度得以提高

东侧建筑的屋顶草坪与中庭的植物结合得天衣无缝

各界人士参观学习政协屋顶草坪，对宣传、推广屋顶绿化起到了示范的作用

2. 北京市人民政府院内屋顶草坪

超轻型屋顶草坪是老房子屋顶绿化的最佳选择。工程每平方米的重量在20kg以下，水饱和状态，不超过40kg。北京市平屋顶老房子的承重一般是150~200kg/m^2。

北京市人民政府院内屋顶绿化

3. 北京机械工业自动化研究所屋顶草坪

北京机械工业自动化研究所创建于1954年，中央直属大型科技企业，是科、工、贸一体化的技术经济实体，设有六个研究开发中心和两个中试生产基地，并拥有国家授予的外贸进出口权。

北京机械工业自动化研究所多景天科植物混种增加植物多样性

屋顶草坪与墙体垂直绿化浑然一体，将房屋包裹成一个"绿房子"，在北京炎热的夏天，屋内就成了清凉世界

几块散落在草地的丑石却增添了无限的情趣

4. 东城区环保局、药监局屋顶草坪

东城区环保局屋顶绿化

东城区药监局屋顶绿化

5.《经济日报》社屋顶草坪

报纸每天、每时向世人传达着无数变化的信息，它们在屋顶绿化的宣传方面发挥着不可替代的作用。《经济日报》社每天都在吸收世界各地最新的思想理念，支持新生事物，因此也成为屋顶绿化的最先受益者。

夏态

冬态

景天科观叶的佛甲草、垂盆草、八宝景天、三七景天等与观花草本石竹的混播效果，犹如高山草甸的自然景观

景天科观叶植物的纯绿色景观，十分干净清爽

屋顶草坪

6. 光明日报社屋顶草坪

光明日报社自从做了屋顶草坪以后，黑灰色的水泥屋顶就"活"了起来，有了四季景观的变化。

施工中

秋态

春态

冬态

夏态

佛甲草非常耐寒，在雪中仍富有生机

7. 中国新闻大厦屋顶草坪

生命力极强的佛甲草在蓝天的映衬下显得更加翠绿，屋顶草坪也为北京的蓝天事业发挥着自己的力量

序列的方格，深绿色的三七景天打破了形式和色彩的单一

8. 新华社屋顶草坪

绿色的屋顶与蓝天相接，曲折有致的步道，伸向朵朵白云，绘制了一幅生态和谐的画面

9. 中日友好医院屋顶草坪

中日友好医院位于北京市朝阳区樱花园东街，是直属卫生部领导的国立大型综合性医院，是一座由日本政府提供无偿经济援助，中日两国政府合作建设的现代化医院。医院屋顶的红心不仅代表了医护人员救死扶伤的爱心，也表达了中日两国人们的友谊之情。屋顶绿化不仅改善了医院的环境条件，而且为忍受病痛的人们提供了调节心情、休息活动的场所。

建造了屋顶草坪的建筑与未建造的形成了鲜明的对比

10. 北京军区总医院屋顶草坪

北京军区总医院成立于1913年，是一所历史悠久、设备精良、技术领先，集预防、保健、医疗、科研、教学、康复为一体的大型三级甲等综合医院。

平改坡与平改绿的对比

11. 北京市肿瘤医院屋顶草坪

佛甲草与简单廊架的组合,为肿瘤患者提供了一个安全、舒适的休闲场所

12. 蓝天幼儿园屋顶草坪

蓝天幼儿园,学校的屋顶绿化不仅为孩子们创造了良好的环境,更重要的是培养了他们从小保护环境的意识,注入了屋顶绿化等一系列新的理念

13. 什刹海体校屋顶草坪

什刹海体校创建于1958年,坐落于北京市中心的什刹海西岸。学校是国家及北京市培养青少年体育人才的基地之一。著名电影演员李连杰先生,就是这里培养的顶尖人物之一。

什刹海体校屋顶绿化

14. 郦城小区屋顶草坪

翠绿的屋顶使得流线形建筑更加优美,屋顶绿化让小区的房价大增。简单的屋顶绿化但效果却不凡

屋顶草坪和地面绿化的自然过渡

国外记者采访郦城小区屋顶绿化新技术

传统冷季型草坪草与佛甲草的对比。由于传统的冷季型草坪需水量较大,在炎热的北京夏季一天至少要浇灌两次,不仅浪费了大量的水资源和人力资源,同时也给屋面造成了很大的负担。但是景天科的佛甲草耐旱性很强,轻而易举地解决了这个令人头疼的问题。所以他们已经开始进行局部的替换试验。

传统冷季型草坪草与佛甲草的对比

15. 云岗镇岗社区屋顶草坪

简洁的梅花造型的屋顶绿化不仅增加了小区的景观，而且使顶层的室内温度降低5℃左右，成为天然的无污染的自然空调。

云岗镇岗社区屋顶绿化

16. 写字楼及其他商业建筑

北京亚洲大酒店，是一家中外合资五星级商务酒店，坐落北京东二环繁华地段。屋顶绿化使酒店的环境、品位得到提高，屋顶绿化已经成为高级酒店发展的趋势。

北京亚洲大酒店梯形屋顶草坪效果

17. 百荣世贸

百荣世贸，坐落于北京永定门外大街101号，中轴路与南三环交汇处，是以服装、小商品批发为主导，兼营零售的综合性批发市场，是亚洲最大的现代化商品交易中心。

百荣世贸大厦屋顶草坪

德胜科技园国际中心写字楼屋顶绿化

太阳宫电厂屋顶绿化

羊坊贵州电力公司屋顶绿化

18. 石景山国际雕塑园屋顶绿化

石景山国际雕塑园屋顶绿化

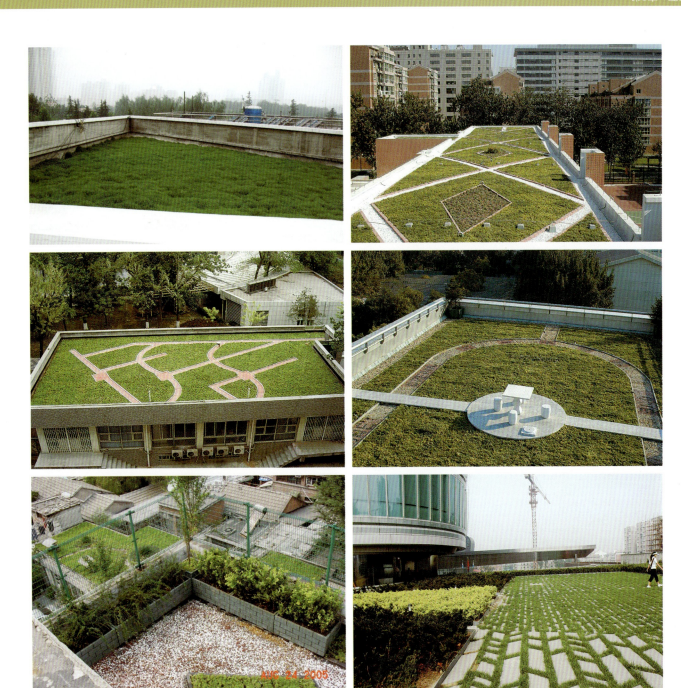

石景山国际雕塑园屋顶绿化

19. 奥运村屋顶绿化——"快餐"式

由于北京市政府的推动，2005~2009年，北京共实施屋顶草坪约80万m^2。

奥运村"快餐"式屋顶绿化

3.1.2 施工程序

1) 调查承重：屋顶承重每平方米≥70kg，即可实施。

2) 闭水测试：清扫屋面，闭水测试后屋面不漏水方可进入下道工序。若屋面漏水则须先做好防水层。上海的同行们，为了提高屋顶草坪的质量，通常将老房子防水重新铺装。

3) 园路、排水口的铺设：按设计图排水定格、砌种植围挡和作业通道，特别要注意水的流向和排水口的通畅。

4) 铺设排蓄水、阻根层：排水板的作用是为了排除多余的水分，在厚土层的屋顶绿化时是不可缺少的。轻型屋顶绿化在施工时应当有排水设计，施工得当一般不会有积水（如果是纯草坪式种植排水板则不需做）。

5) 铺设分离滑动层：用专用无纺布在种植围挡内铺满，搭接宽度在5cm以上，并向围挡处延伸，与围挡砖同高。要选择合适方法生产的无纺布。同时要注意无纺布的重量规格。

6) 铺设轻型营养基质：厚度在7～10cm；基质配制应根据各地气候条件，从试验中得出合适的配比。松散的有机物质含量最好不超过30%。特别是北京，冬天有严重冰冻，春天既干旱又风大，太松散、轻质的基质容易被风刮走。基质中还需要一些骨料物质，否则有机物质降解后基质厚度会下降。基质中可以加入一些三元素复合肥料，但必须严格控制加入量。因为轻型屋顶干旱是常有的事，会造成基质中盐分浓度太高而影响植物生长。

7) 植物种植：要让铺植的草有一段缓苗和生根时间。春天施工最好。夏天施工有一定困难，但施工量最大。秋天要抓住早、中期的好天气。晚秋施工也可以。冬天有冰冻不便施工。

种植一般有两种方法：

（1）铺植佛甲草、太阳花、多种景天科植物种植在无纺布上的苗块，接缝处严实、平整，铺完后即成活、成绿、成景。

（2）直接在基质上栽草，比铺植一次成坪苗块慢一些，但成活率不受影响。直接栽草的疏密度一定要合理，要做到土不露天。入秋时节采取带根直接栽植的草苗，尤其在严重干旱的气候条件下，要边植草边浇透水，保证成活。

8) 恢复期养护：一般为15～30天，主要是喷水、补苗。

9) 清理打扫施工现场。

屋顶草坪施工流程图示

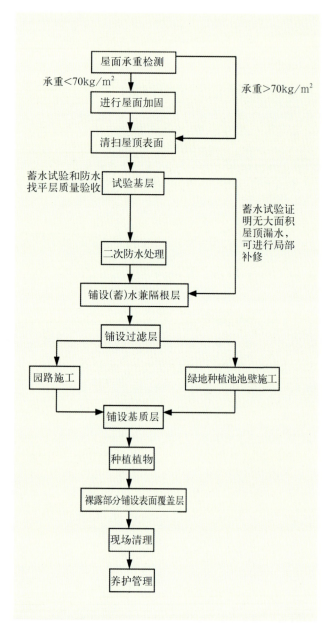

屋顶草坪施工流程图

上海闵行区在老房子实施屋顶绿化中，先将防水层重新铺装，再提高屋顶绿化质量，这种做法值得推广。

为了使读者更直观地了解屋顶草坪的施工步骤，将提花草堂（北京）屋顶绿化有限公司"金都杭城"施工现场拍摄如下：

新楼先铺装隔根层,再铺保湿毯起到过滤、保水功能

铺设基质,施工时一定要小心,避免破坏防水层而前功尽弃

植物种植

现场清理:佛甲草自身具有蔓蘖性,一段时间后便可将屋面覆盖

北京金都杭城小区刚刚铺毕的屋顶草坪

金都杭城屋顶草坪的近期远景效果

3.1.3 北京屋顶草坪常用植物

1. 佛甲草(*Sedum lineare*)

景天科,景天属。耐旱性极好的常绿草种。高约15cm,叶线状披针形,肉质,3叶轮生,花黄色,5~6月开放。也叫福寿草、不老草、死不了。适应性强,容易栽培。耐旱、耐寒、耐瘠薄。可以生长在阳光充足的低山、平地草坡、田间路旁、山麓路边等岩石上和屋瓦、墙头上,也可以在堤岸潮湿处,或阴湿的地方生长。

佛甲草打开了北京大面积屋顶绿化的瓶颈,这种过去无人知道的小草,和它同属的景天科的植物一样,有着突出的特点。

绿色期长:一年四季基本常绿;只是到了1月份其表

佛甲草绿态

佛甲草花期

佛甲草极耐严寒

在佛甲草草坪中适当点缀些太阳花，进行混植，景观效果很好

层叶片和茎变成深褐色，但冠层以下隐芽仍呈绿色，部分小苗色绿茁壮。

抗旱能力强：种植于屋顶8～10cm厚的基质中，3年没有人工浇水施肥，只利用天然降雨仍生长良好。2001年夏季干旱，7月中旬后30天不下雨，连续高温30～35℃，屋面温度45～50℃，基质干透，佛甲草仍没有死，只是有些萎蔫，叶色有些发白。下雨后，又开始泛绿生长，很快恢复了生机。

耐低温，抗寒能力强：当气温降至-15℃，屋面温度降到-12℃时，基质和草被全部结冻，但其并未枯死，只是顶部叶片和茎变深褐色；而近地面各茎节上仍长有密密麻麻的嫩绿小苗。春季气温回升，幼苗很快又恢复生长。

无须过厚的基质种植，减轻屋面负荷：该草可以采取不用或少用土壤的人工轻型基质栽培。它80%的草根网状交织分布在2cm的基质内，形成草根和基质整体板块，可防雨水冲刷掉基质。因此，种植层厚度在8cm左右足够。

根系属于浅根系网状，不会破坏屋面结构：该草的根系弱且细，扎根浅，平面生长，网状分布，没有穿透屋面防水层的能力。

管理粗放，自然匍匐生长：小苗以老茎叶的营养为营养，无须再追施肥料。老茎叶被小苗利用后不是枯黄，而是萎缩，所以不会形成枯草层而影响美观或容易着火。草的高度不超过20cm；长高后会倒下再生出小苗，故不需要修剪。既节约能源又减少养护投入。

栽培工艺配套、成熟：可以在短时间内形成"瞬时景观"。通过长期的实践和反复的试验证明，优良品种的佛甲草无须繁重的养护管理。

养护成本低：每年春灌和初冬的冻水是特别重要的养护任务，事关绿化的成败。定期查看，发现病虫害及时打药，遇到极端天气及时补水。根据实际情况修剪，使草生长得更茁壮。屋顶草坪寿命可达50年。

2. 其他景天科的植物

（1）垂盆草（*Sedum sarmentosum*），景天科，景天属。垂盆草为多年生肉质草本。枝细弱，不育枝匍匐而节上生根，花枝直立，长10～25cm。3叶轮生，叶片倒披针形至长圆形，长1.5～2.5cm，宽3～5mm，先端近急尖，基部急狭，有距，聚伞形花序，花通常无梗。花黄色,花期5~7月,果期8月。分布于东北、河北、河南、陕西、四川、湖北、安徽、浙江、江西、福建。见于北京房山区上方山及各区县。生于低山阴湿石上。朝鲜和日本也有。

笔者2006年赴韩国考察,友人约请大韩国宴,席间凉拌垂盆草,微苦、清火,与烤牛肉共食,起到平衡阴阳的功效。

垂盆草花之一

小叶垂盆草绿态

垂盆草花之二

小叶垂盆草花期

(2) 凹叶景天(*Sedum emarginatum*),景天科,景天属。常绿多年生草本,株高10~20cm。叶肉质,枝叶密集如地毯,上海地区可露地越冬,部分叶片紫红色。耐旱,喜半阴环境。

凹叶景天花期与冬态景观

95

费菜与屋顶绿化

常绿景天与花期形态

德国景天夏态与冬态

反曲景天夏态与冬态

六角景天夏态与冬态

中国景天冬态与穴盘苗

白景天　　　　　　　　　　　　　　松塔景天

苔景天夏态与冬态

德胜门外屋顶的草坪以多种景天科植物混种

3. 常用的草花植物

(1) 百里香（*Thymus vulgaris*），唇形科，百里香属。常绿多年生草本，株高5～10cm，枝叶细小，具香味，花紫色，花期夏季。耐寒、耐热性好，耐瘠薄。

(2) 常夏石竹（*Dianthus plumarius*），石竹科，石竹属。四季常青，三季有花，多年生草本，株高8～10cm。花色有深粉、粉或白等多种颜色，花期5～11月。性喜光怕阴，耐旱忌涝，抗寒性强，寿命长，花量大。

(3) 丛生福禄考（*Phlox subulata*），花葱科，福禄考属，为多年生常绿耐寒宿根草本花卉，花有紫红色、白色、粉红色等，每当开花季节，繁盛的花朵将茎叶全部遮住，形成花海，百艳争芳，淡雅可爱。花呈高脚杯形，芳香。花期5～12月，第一次盛花期4～5月，第二次花期8～9月，延至12月还有零星小花陆续开放。

(4) 太阳花（*Portulaca grandiflora*），马齿苋科，马齿苋属。1年生肉质草本，高10～15cm。茎细而圆，平卧或斜生，节上有丛毛。叶散生或略集生，圆柱形，长1～2.5cm。花顶生，直径2.5～5.5cm，基部有叶状苞片，花瓣颜色鲜艳，有白、黄、红、紫等色。蒴果成熟时盖裂，种子小巧玲珑，银灰色。园艺品种很多，有单瓣、半重瓣、重瓣之分。

(5) 萱草（*Hemerocallis fulva*），百合科，百合属。多年生宿根草本，具短根状茎和粗壮的纺锤形肉质根。花葶细长坚挺，高约60～100cm，着花6～10朵，呈顶生聚伞花序。初夏开花，花大，漏斗形，花期6月上旬～7月中旬，每花仅放一天。常用的品种有红宝石萱草、金娃娃萱草、大花萱草等。

百里香

常夏石竹

丛生福禄考

太阳花

金娃娃萱草

4. 常用的爬蔓攀缘植物

爬藤对于女儿墙屋顶设备和广告架的绿化有独到之处，可在屋顶建筑物承重墙处建池子种植，也可在地面种植向屋顶爬。北京常用的有常春藤、扶芳藤、五叶地锦、爬山虎、野葡萄、葛藤、紫藤、金银花、美国凌霄、扶芳藤等。

3.1.4 屋顶草坪的养护管理

(1) 保持屋顶美洁现状，清除大片落叶、杂物、杂草，尤其夏秋季要认真做好屋顶杂草的清除工作。

(2) 雨季做好排水检查，尤其是排水口、排水沟等处，以免排水口堵塞。

(3) 注意检查屋顶基质饱满状况，发现有基质流失迅速予以补充，确保苗块正常生长。

(4) 定期观察苗块生长现状，对苗块斑秃、稀密不均的予以补苗。

(5) 认真检查基质松软及含水现状，适时适量实施屋顶绿化浇水，防止基质板结。特别是入冬时浇足冻水，开春时浇足返青前春水，夏季大旱时应及时补水。

(6) 注意施肥和防病、防虫，确保绿化效果。

(7) 一般3~4年后，春季须补土喷春水，增加基质的数量和能力，使绿化有长远的效果。

对于外来物种如白杨、榆树、柳树的种子长成的小苗，须更加注意，要及时清除。由于大多数屋顶草坪没有专门的阻根防水层，不仅抢夺主体植物的营养，时间一长，它们旺盛的根系也会破坏防水结构，继而破坏屋面结构，造成重大影响。

屋顶草坪由于花钱少，效果快，安全好，老旧房子都能铺，生态效益显著，很受政府的喜爱，一般城市政府都推广使用。

3.2 空中花园

空中花园，近似地面园林绿地。采用国际上通行的防水阻隔根、蓄排水新工艺、新设备、新技术，乔灌花草、山石水、亭廊榭合理搭配组合，可以点缀园艺小品，但硬铺装要少，且要严守建筑设计荷载、支撑允许的原则。一般工程每平方米质量为100～200kg，水饱和状态下，质量为300～400kg。屋顶静荷载应在每平方米500kg以上。设计时应充分考虑活荷载的因素，坚持安全第一的设计施工原则。

北京从1983年长城饭店建成第一座屋顶花园至今，就开始不断尝试采用新技术进行屋顶绿化。2005年起北京市政府就开始每年建设屋顶绿化面积10万m^2，加上单位和个人自建，2009年北京屋顶绿化面积达到约100万m^2，其中空中花园约20万m^2。

3.2.1 长城饭店屋顶花园

长城饭店屋顶花园

3.2.2 全国政协机关办公楼屋顶花园

简洁大方的屋顶花园设计与庄重的办公楼协调统一。园路铺装采用了新型的彩色透水材料，既美观又生态。

女儿墙的做法，用迎春来绿化女儿墙，不仅可以保证屋顶游人的安全，而且软化了僵硬的女儿墙。迎春的枝条常年呈现绿色，即使在寒冷的冬季也为屋顶增添了几许生机。

不同园路给人们不同的感觉

节能照明设施

立体绿化

屋顶各种构件的装饰，利用不同的方法将通风口等结构加上罩，种植美丽的月季，就使得各种突兀的结构变成风景

女儿墙之一

女儿墙之二　　　　　　　　　　　　　　　　女儿墙之三

月季花墙

节水灌溉系统

姿态苍劲的油松。在屋顶承重梁的地方可以种植一些体量稍大的小乔木，来丰富屋顶花园的景观

佛甲草+五叶地锦+置石+竹，屋顶花园的景观层次也可以做得如此丰富

屋顶立柱的绿化，浓绿的葡萄既可以起到绿化的效果，秋天还可以享受丰收的喜悦

金娃娃萱草

3.2.3 中共中央组织部

此屋顶花园为日式园林风格,设计了日本园林中最具有代表性的枯山水。

小桥"流水"

石桌石凳

石灯笼是日本园林必不可缺的小品

3.2.4 科学技术部节能示范楼屋顶花园

科技部节能示范楼采用各种先进技术,最大限度地实现了节能减耗,屋顶花园使得室内温度降低4～6℃,减少了空调的使用量;屋顶的雨水收集系统便可以满足屋顶花园和本楼四周园林的灌溉用水;屋顶绿化吸收了大量的热量,缓解了城市热岛效应,用红外遥感都检测不到这是建筑的屋顶。真正实现了科技示范的作用,推动了屋顶绿化的推广。

专业摄影师镜头下的科技部屋顶花园

大楼设计时就已经将屋顶花园考虑进去,所以结构承重比较大,能够满足小水系、廊架等要求比较高的设置

龙柏、凤尾兰、侧柏球、黄杨球都是常绿植物,可以保证屋顶花园冬天的景观效果

3.2.5 经济日报社

目前，经济日报社屋顶花园无论在设计还是施工方面都是优秀的，其已经成为我们与国际屋顶工作者交流学习、新的屋顶绿化人员参观学习的典型案例。外国专家评价说花园的施工程序、材料、技术已达到与发达国家同步的水平。

四周的围挡保证了屋顶花园的安全性

屋顶花园鸟瞰，自然式的花园，不仅有小桥流水、山石花木，还有亭台等休息的设施。在以前人们看来无用的屋顶已经成为人们休息娱乐的最佳场所

因水而活，浅浅的水系在屋顶承重范围之内，就是这浅浅的水系成为全园的主线，让园子活了起来

3.2.6 红桥市场屋顶花园

红桥市场始建于1979年,应市政府"退路露墙"的号召,迁址于现在的崇文区天坛东路46号以北,与天坛公园遥相呼应。业主对屋顶花园有高度的认识,设计者提出屋顶荷载不适合做空中花园,业主决定请原设计师和施工单位翻出加固屋顶,达到空中花园需要的荷载,每平方米1000kg,保证了屋顶花园的基础条件。

各种植物的搭配

小喷泉也能起到净化水的作用

金鱼嬉水

廊架丰富了花园景观,又是理想的纳凉场所

人工石与五叶地锦浑然一体,突出了花园的立体感,又没有增加过多的荷载。屋顶绿化的景石采用人工假山石是值得提倡的

全景

3.2.7 空中花园集锦

解放军某部屋顶绿化

公安部办公楼屋顶花园（2007~2008年）

通惠家园——美国凌霄

北京王府井东安市场屋顶绿化

建国门屋顶花园

航天万源广场屋顶花园

北京山水文园小区内车库顶层绿化

北京首都大酒店车库顶层绿化

北京王府井王府停车楼屋顶绿化

3.2.8 屋顶花园施工的一般流程

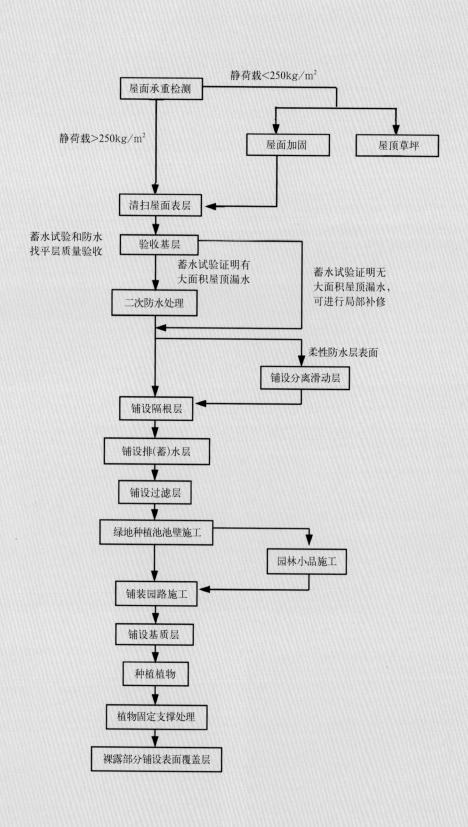

现场图示

(1) 种植介质是屋面植物赖以生长的土壤层，应具有自重轻、不板结、保水保肥、适宜植物生长、施工简便和经济环保等性能。

(2) 隔离过滤层是设置在种植介质层与排水层之间起滤水作用的一个构造层次。

(3) 排水层是将通过过滤的水，从空隙中汇集到泄水孔排出。

(4) 耐根系穿刺防水层是能够防止植物根系穿透并起防水作用的一个构造层次，其接缝应采用焊接法施工。

(5) 卷材或涂膜防水层应采用耐水、耐腐蚀、耐霉烂的卷材或涂膜铺设而成的柔性防水层，是多道防水设防中的一道主体防水层。

(6) 找平（找坡）层是铺设柔性防水层的基层，其质量应符合规范的规定。

(7) 屋面结构层应根据种植屋面的种类和荷载进行设计和施工，一般应采用现浇钢筋混凝土作屋面的结构层。

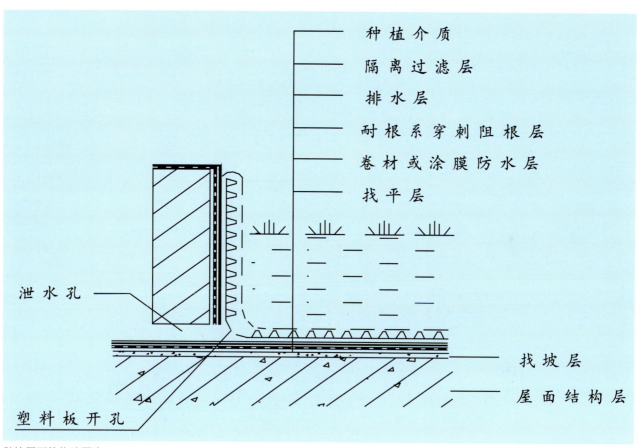

种植屋面的构造层次

3.2.9 屋顶花园施工的注意事项及要点

1. 安全第一位，荷载最重要

安全是屋顶绿化的保证，决定屋顶花园的成败。屋顶花园的安全，包括建筑结构承重、防水设施的安全使用，以及屋顶四周的女儿墙、防护栏、人员进出口、大型植物的安全牢固等。每个部分、每个环节都不能掉以轻心。

安全中最重要的就是屋顶的荷载，通过现场勘察，咨询相关部门，获取相关的技术资料及相关图纸，重点弄清要进行屋顶绿化建筑物的建筑结构、屋顶荷载、屋顶高度、坡度及屋顶的安全设施。根据北京市屋顶绿化规范屋顶花园建筑静荷载应大于或等于250kg/m²。屋顶荷载是通过屋顶的盖板传递到墙、柱、基础上的荷载，它由静荷载和动荷载组成，静荷载是屋面构造层、绿化构造层、植被层等所产生的屋面荷载。动荷载指由积雪和雨水回流、人员走动及建筑物修缮等工作所产生的屋面荷载。屋顶花园设计时，应尽可能把较重的荷载如园林小品、亭阁、假山置石、水池选择在建筑承重的位置上（梁、柱、承重墙）。按照现行荷载规范规定，上人平屋顶的活荷载为150kg/m²。对于大型公共建筑，可供集体活动并可以作为盛大节日观看烟火晚会的屋顶花园，它的屋顶活荷载应高于150kg/m²，一般以250～350kg/m²为宜。

涉及屋顶绿化方面的材料密度参考值

材料	密度（kg/m³）
混凝土	2500
水泥砂浆	2350
河卵石	1700
豆石	1800
青石板	2500
木质材料	1200
钢质材料	7800

2. 漏水、积水绝不要，防水、排水要做好

防水、排水是屋顶绿化的关键，故在设计时应按屋面结构进行多道防水设施，做防排水构造的系统处理。各种植物的根系均具有很强的穿刺能力，为防止屋面渗漏，应先在屋面铺设1～2道耐水、耐腐蚀、耐霉烂的卷材（沥青防水卷材、合成高分子防水材料等）或涂料（如聚氨酯防水材料）作柔性防水层。其上再铺一道具有足够耐根系穿透功能的聚乙烯土工膜、聚氯乙烯卷材、聚烯烃卷材等作耐根系穿刺防水层。

防水层施工完成之后，应进行24h蓄水检验，经检验无渗漏后，在其上再铺设排水层，排水层可用塑料排水板、橡胶排水板、PVC排水管、陶粒、绿保石（粒径3～6cm，或粒径为2～4cm、厚度为8cm以上的卵石）。

排水层上设置隔离层，其目的是将种植层中因下雨或浇水后多余的水及时通过过滤后排出去，以防植物烂根，同时也可将种植层介质保留下来，以免流失。隔离层可采用质量不低于250g/m2聚酯纤维土工布或无纺布。最后，在隔离层上铺置种植层。

屋面四周应砌筑挡墙，挡墙下部留置泄水孔，泄水口应与落水口连通，形成双层防水和排水系统，以便及时排除屋面积水。

屋顶花园因为会选择一些灌木和小乔木，所以屋顶的防穿刺阻根层就是必可不少的，阻根层的材料选择是决定阻根层效果的第一步。常用的耐根穿刺阻根材料的类型有：

（1）铅锡锑合金防水卷材的厚度不应小于0.5mm。

（2）复合铜胎基SBS改性沥青防水卷材的厚度不应小于4mm。

屋顶防水层

（3）铜箔胎SBS改性沥青防水卷材的厚度不应小于4mm。

（4）SBS改性沥青耐根穿刺防水卷材的厚度不应小于4mm。

（5）APP改性沥青耐根穿刺防水卷材的厚度不应小于4mm。

（6）聚乙烯胎高聚物改性沥青防水卷材的厚度不应小于4mm，胎体厚度不应小于0.6mm。

（7）聚氯乙烯防水卷材（内增强型）的厚度不应小于1.2mm。

（8）高密度聚乙烯土工膜的厚度不应小于1.2mm。

（9）铝胎聚乙烯复合防水卷材的厚度不应小于1.2mm。

（10）聚乙烯丙纶防水卷材——聚合物水泥胶结料复合耐根穿刺防水材料，其中聚乙烯丙纶防水卷材的聚乙烯膜层厚度不应小于0.6mm；聚合物水泥胶结料的厚度不应小于1.3mm。

屋顶防穿刺阻根层

屋顶防穿刺阻根层

3. 基质要营养环保，更要轻

根据屋顶绿化的立地条件，基质层应是除了满足植物生长条件外，还须具有一定的渗透性能、蓄水能力和空间稳定性的轻质材料层。一般土壤很难达到这些要求，因此屋顶绿化一般采用各类介质来配制人工土壤。配制原则主要包括：

（1）经济环保。

（2）适宜植物生长，保水、保肥、重量轻、不板结，也不过于松散，不易被大风刮走。

（3）施工简便，田园土不可直接上屋顶。

栽培介质的重量不仅影响种植层厚度、植物材料的选择，而且直接关系到建筑物的安全。密度小的栽培介质，种植层可以设计得厚些，选择的植物也可相应广些。从安全方面讲，对栽培介质不仅要了解材料的干密度，更要测定材料吸足水后的湿密度，以作为考虑设计荷载的依据。

为了兼顾种植土层既有较大的持水量，又有较好的排水透气性，除了要注意材料本身的吸水性能外，还要注意材料粒径的大小。一般大于2mm以上的粒子应占总量的70%以上，小于0.5mm的粒子不能超过5%，做到大小粒径介质的合理搭配。

目前一般选用泥炭、腐叶土、发酵过的醋渣、绿保石（粒径0.5～2cm）、蛭石、珍珠岩、聚苯乙烯珠粒等材料，按一定的比例配置而成。其中泥炭、腐叶土、醋渣为植物生长提供有机质、腐殖酸和缓效肥；绿保石、蛭石、珍珠岩、聚苯乙烯珠粒可以减少种植介质的堆积密度，有利于保水、透气，预防植物烂根，促进植物生长，还能补充植物生长所需的铁、镁、钾等元素，也是种植介质中pH值的缓冲剂和调节剂。

基质层材料

常用基质类型和配制比例参考

基质类型	主要配比材料	配制比例	湿密度（kg/m³）
改良土	田园土，轻质骨料	1：1	1200
	腐叶土，蛭石，沙土	7：2：1	780～1000
	田园土，草炭，（蛭石和肥）	4：3：1	1100～1300
	田园土，草炭，松针土，珍珠岩	1：1：1：1	780～1100
	田园土，草炭，松针土	3：4：3	780～950
	轻砂壤土，腐殖土，珍珠岩，蛭石	2.5：5：2：0.5	1100
	轻砂壤土，腐殖土，蛭石	5：3：2	1100～1300
超轻量基质	无机介质		450～650

注：基质湿密度一般为干密度的1.2～1.5倍。

4. 屋顶花园对植物材料的选择

应符合屋顶立地条件的特点,屋顶花园植物选择的基本原则主要有以下几个方面:

(1) 遵循植物多样性和共生性原则,以生长特性和观赏价值相对稳定、滞尘控温能力较强的本地常用和引种成功的植物为主。乡土植物对当地的气候有高度的适应性,在环境相对恶劣的屋顶花园,选用乡土植物有事半功倍之效,同时考虑到屋顶花园的面积一般较小,为将其布置得较为精致,可选用一些观赏价值较高的新品种,以提高屋顶花园的档次。

(2) 以低矮灌木、草坪、地被植物和攀缘植物等为主,原则上不用大型乔木,有条件时可少量种植耐旱小型乔木。考虑到屋顶的特殊地理环境和承重的要求,应注意多选择矮小的灌木和草本植物,以利于植物的运输、栽种管理。小乔木最好种植在木桶或木箱等容器中,并放在承重墙或承重柱上。2m以上灌木除注重树形好、生长茁壮外,尚须注意选用根系茂密完整、发达并无破坏、土球完好不散坨的植株(最好选择用限根器培育的植株),这样才能保证植株成活又不会威胁屋面防水。植物的防风固定切忌不能影响屋面防水层。

(3) 应选择须根发达的植物,不宜选用根系穿刺性较强的植物,防止植物根系穿透建筑防水层。

植物材料平均荷重和种植荷载参考表

植物类型	规格 (m)	植物平均荷重 (kg)	种植荷载 (kg/m²)
乔木(带土球)	$H=2.0\sim2.5$	80~120	250~300
大灌木	$H=1.5\sim2.0$	60~80	150~250
小灌木	$H=1.0\sim1.5$	30~60	100~150
地被植物	$H=0.2\sim1.0$	15~30	50~100
草坪	1m²	10~15	50~100

注:选择植物应考虑植物生长产生的活荷载变化,种植荷载包括种植区构造层自然状态下的整体荷载。

(4) 选择阳性、耐瘠薄、粗放管理的浅根性植物。屋顶花园大部分地方为全日照直射,光照强度大,植物应尽量选用阳性植物,但在某些特定的小环境中,如花架下面或靠墙边的地方,日照时间较短,可适当选用一些半阳性的植物种类,以丰富屋顶花园的植物品种。屋顶的种植层较薄,为了防止根系对屋顶建筑结构的侵蚀,应尽量选择浅根系的植物。因施用肥料会影响周围环境的卫生状况,故屋顶花园应尽量种植耐瘠薄的植物种类。

(5) 选择抗风、耐旱、耐高温的植物。屋顶自然环境与地面、室内差异很大,高层楼顶风大,夏季炎热而冬季又寒冷,阳光充足,易造成干旱。因此,一般应选择阳性的、耐旱、耐寒的浅根性植物,还必须属低矮、抗风、耐移植的品种。

(6) 选择抗污性强,可耐受、吸收、滞留有害气体或污染物质的植物。

3.2.10 屋顶绿化的养护管理

减少人工养护，节省人力、财力的投入是屋顶绿化的原则之一。但这不等于不需要养护。随着屋顶草坪、空中花园的增多，屋顶绿化要考虑管理养护问题。适当地进行施肥以补充土壤养分，适时浇水、松土、密度调整、支撑、修剪、遮阴、防病虫、牵引、保温等日常管理措施仍然是必不可少的。其养护管理应纳入城市园林绿地的养护管理范畴，予以必要的专项投入。

屋顶花园建成后的养护，主要是指花园主体景物的各种草坪、地被、花木的养护管理以及屋顶上的水电设施和屋顶防水、排水等工作。不上人的屋面大多没有楼梯，只有小出入口，很难上去操作，因此公共屋顶绿化一般应由有屋顶绿化种植管理经验的专职人员来承担。

对于小型的私家屋顶花园，一般都由自己养护，其养护的内容要比其他绿化养护要复杂些，但比专职人员养护的内容又简单；主要是浇水施肥、病虫害的防治、季节植物的更换、松土除草等。其他的参照专职人员养护的内容。涉及专业养护的内容最好请专职人员帮忙。

实践证明，养护管理关系屋顶绿化的成败。保证植物正常生长，屋顶绿化和地面绿化是共同的。屋顶绿化养护管理强调安全，这是因为它的特殊性：

（1）雨季之前及雨季中检查屋面排水系统，防止堵塞、造成屋顶积水、屋顶荷载超重、屋顶漏水。

（2）冬季过大雪量出现时清除积雪，防止屋顶荷载超重。

（3）适当水肥，防止植物生长过旺；适当修剪，疏通枝条，控制大树体量，防止大风吹坏和增加屋顶荷载。

（4）屋顶绿化是高空作业，时刻都要注意屋顶上人的安全，同时防止坠落物影响屋顶下人的安全。

轻型屋顶绿化管理粗放，正常年景可以不浇水、不施肥、不修剪。但粗放管理不等于不管理，遇有旱情应适量补水。特别是每年不得少于两次浇水，一次上冻水、一次春季适时返青水，有利于越冬和返青，延长绿期。一次成坪的屋顶草坪不仅要补水，更要注意补土、补苗，一般每次浇水前要拔杂草、补散土，要保证无纺布上有2cm厚的基质，返春时无纺布上才会有嫩芽滋生。

屋顶花园是建筑与造园融合的精品，其植物远离地面，生态环境特殊，更要管理养护科学精细。应适时浇水、施肥、修剪、避寒、消灭病虫害，保证其成活，而不是一味地促长，我们追求的是它的景观效益和生态效益。

花园式屋顶绿化的景观近似于地面园林，管理要更为精细，必须适时进行浇水、施肥、及时除虫防病、修剪、避寒等一系列必要的管理工作。植物需要一个必要的、集中的或广泛的护养，包括竣工时的养护、发展中的养护、状况养护等。根据植物自身的需求量和生长阶段的不同，合理调整不同营养成分的比例和施用量。下表为北京地区屋顶花园植物的养护与管理。

另外，在日常使用过程中，管理人员应注意不得任意在屋顶花园中增设超出原设计范围的大型景物，以免造成屋顶超载。在更改原暗装水电设备和系统时应特别注意不得破坏原屋顶防水层和构造处理。更不得改变屋顶的排水系统和坡向，并应保持屋顶园路及环境的清洁，防止枝叶等杂物堵塞排水通道及排水口，造成屋面积水，最后导致屋顶漏水。绿化屋顶必须对排水构件和相应防水细部节点，比如天窗节点、雨水口节点、女儿墙节点等进行技术维护。

屋顶花园的管理养护

屋顶植物养护管理工作日历

月 份	北 京
1月（小寒、大寒）	◆平均气温-4.7℃，平均降雨量2.6mm ◆进行冬剪，将病虫枝、伤残枝、干枯枝等枝条剪除。对于有伤流和易枯梢的树种，推迟到萌芽前进行 ◆检查防寒设施，发现破损应立即补修 ◆在树木根部堆积不含杂质的雪 ◆利用冬闲时节进行积肥 ◆防治病虫害，在树根下挖越冬虫蛹、虫茧，剪除树上虫包并集中销毁
2月（立春、雨水）	◆平均气温-1.9℃，平均降雨量7.7mm ◆继续进行冬剪，月底结束 ◆检查防寒设施的情况 ◆堆雪，利于防寒、防旱 ◆积肥与沤制堆肥 ◆防治病虫害 ◆进行春季绿化的准备工作
3月（惊蛰、春分）	◆平均气温4.8℃，平均降雨量9.1mm，树木结束休眠，开始萌芽展叶 ◆春季屋顶植树，应做到随挖、随运、随栽、随养护 ◆春灌以补充土壤水分，缓和春旱 ◆开始进行追肥 ◆根据树木的耐寒能力分批拆除防寒设施 ◆防治病虫害
4月（清明、谷雨）	◆平均气温13.7℃，平均降雨量22.4mm ◆继续进行春灌、施肥 ◆剪除冬春枯梢，开始修剪绿篱 ◆看管维护开花的花灌木 ◆防治病虫害
5月（立夏、小满）	◆平均气温20.1℃，平均降雨量36.1mm ◆树木旺盛生长需大量灌水 ◆结合灌水施速效肥或进行叶面喷肥 ◆拔除杂草 ◆剪残花、除萌蘖和抹芽 ◆防治病虫害
6月（芒种、夏至）	◆平均气温24.8℃，平均降雨量70.4mm ◆继续进行灌水和施肥，保证其充足供应 ◆雨季即将来临，修剪枝条 ◆中耕除草 ◆防治病虫害 ◆做好雨季排水工作

续表

月 份	北 京
7月（水暑、大暑）	◆平均气温26.1℃，平均降雨量196.6mm ◆雨季来临，排水防涝 ◆增施磷、钾肥，保证树木安全越夏 ◆拔除杂草 ◆移植常绿树种，最好入伏后降过一场透雨后进行 ◆抽稀树冠达到防风目的 ◆防治病虫害 ◆检视防风情况，及时扶正、加固被风吹斜的树木
8月（立秋、处暑）	◆平均气温24.8℃，平均降雨量243.5mm ◆检查排水状况，防涝 ◆继续移植常绿树种 ◆继续拔除杂草 ◆防治病虫害 ◆行道树的养护和花木的修剪及绿篱等整形植物的造型
9月（白露、秋分）	◆平均气温19.9℃，平均降雨量63.9mm ◆迎国庆，全面整理屋顶绿地园容，修剪树枝，清理排水口，防止堵塞 ◆对生长较弱、枝梢木质化程度不高的树木追施磷、钾肥 ◆拔除杂草 ◆防治病虫害
10月（寒露、霜降）	◆平均气温12.8℃，平均降雨量21.1mm；随气温下降，树木相继开始休眠 ◆准备秋季屋顶植树 ◆收集枯枝落叶进行积肥 ◆本月下旬开始灌冻水 ◆防治病虫害
11月（立冬、小雪）	◆平均气温3.8℃，平均降雨量7.9mm ◆土壤冻结前栽种耐寒树种，完成灌水、肥任务 ◆对不耐寒的树种进行防寒，时间不宜太早
12月（大雪、冬至）	◆平均气温2.8℃，平均降雨量1.6mm ◆加强防寒工作 ◆开始进行树木的冬剪 ◆防治病虫害，消灭越冬虫卵 ◆继续积肥

3.3 屋顶绿化的特点与功能

3.3.1 美化作用

屋顶被称为城市建筑的"第五面",屋顶绿化是在有限的城市空间提高绿地率最有效的方式,有利于改变空中景观,体现现代大城市风采。

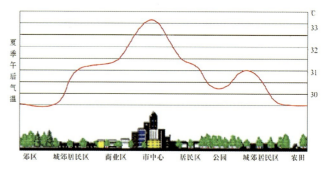
城市热岛效应

随着地球生态环境的越发恶劣,全球气温不断上升。特别在城市里,由于建筑物的逐渐增多,高楼大厦林立,而楼顶的空间几乎被闲置,素面朝天的建筑屋顶受到太阳照射时间最长、辐射强度最大,屋面温度最高可达60~80℃,对周边环境造成强烈热辐射,是形成城市热岛效应的主要源头之一。而且城市里由于家用燃料、工业、机动车等增加的热量也源源不断,造成城市里的热量积累非常惊人。而在夏天,城市气温升高又促进了对空调的需求,空调又释放出大量的热,导致气温进一步升高,形成恶性循环。所以,当今城市日益突出的"热岛现象",使城市居民生活不舒适的状况增多,例如中暑和睡不着觉等,还增加了夏季的能源消耗,助长了冬季的大气污染等,这已成为恶化生态环境的主要因素之一,给人们的工作和生活带来了十分不健康的影响。

北京市园林科研所在《北京城市绿化缓解城市热岛效应的研究》的报告中提出:当绿化覆盖率达到30%以

通惠家园,屋顶美景

3.3.2 生态作用

1. 改善城市热环境,降低热岛效应

所谓热岛现象,就是由于种种原因,导致中心市区的气温高于市郊的现象。热岛现象是19世纪初期英国人在伦敦发现的,1954年美国气象协会首先使用了"热岛"这个词。自20世纪90年代以来,城市的热岛现象引起各国的关注。

平改坡虽然在一定程度上改善了屋顶的美观程度,但同时极大地加强了城市热岛效应。现在德国已经在推广坡改平,主要的做法是先坡改平,然后实施屋顶花园绿化

坡改平，再实施屋顶花园绿化

上时，绿地就有缓解城市热岛效应的作用；当绿化覆盖率达到40%以上时，热岛面积可减少3/4；而当绿化覆盖率达到60%以上时，热岛效应基本被控制。由于目前大部分城市绿化面积都严重不足，对地面上的绿地面积扩张又很有限，而且成本高昂，因此各国政府和学者把目光投向了面积巨大的屋顶。当大量的屋顶披上绿装的时候，降低城市热岛效应的效果是不言而喻的。

2006年6月14日北京屋顶绿化协会在北京节能环保展上的屋顶绿化温度测试展台上的温度对比，根据温度计显示，北京最常用的黑色防水卷材上的温度是65℃，铁板上的温度是63℃，玻璃上的温度是60℃，而屋顶草坪的温度只有32℃，草坪土下的温度则是27℃。从这些具体的数据可以看出屋顶绿化对缓解城市热岛效应的巨大作用。

2. 吸纳可吸入颗粒物、粉尘，净化空气，改善城市环境

因工业发展，交通工具及住宅、写字楼的空调设备的大量使用等，造成的有毒颗粒物、粉尘源源不断，长期积累会对人的健康产生负面影响，对于北京尤其严重。近20年，北京市下了最大的决心，工厂迁出市区，煤改气花费几千亿元人民币，使得CO_2、CO、SO_2的治理达标，但是因沙尘暴和建筑的增多造成的有毒可吸入颗粒物、粉尘却越来越多，而屋顶绿化，可以通过土壤的水分和生长的植物吸纳可吸入颗粒物，吸附粉尘，同时吸收部分有害气体，特别是对CO_2、NO_2、SO_2、O_3和重金属的吸收有明显的效果，具有净化空气的作用。同时屋顶绿化可以储蓄水分、增加湿度、防止光照反射、防风，对小环境的改善有显著效果，使城市整体的气候条

北京市工业自动化所屋顶草坪

东四六条屋顶草坪之一

东四六条屋顶草坪之二

件得以改善。目前北京的屋顶绿化量还不到1%，如果绿量增加到50%以上，这个效益将明显体现出来。

东城区东四六条街道绿化的1万多平方米屋顶，造价为150万元人民币。而如果采用征地拆迁地面绿化的老路子，费用将高达4.6亿元人民币。其治理大气污染降解大气飘尘和可吸收颗粒物的作用十分显著，经仪器数据统计，2004年1~6月，东四大气质量比全市平均水平低7天。屋顶绿化后，2005年1~6月，大气质量高出全市平均水平9天。

3. 屋顶保温隔热，节约能源

屋顶绿化的隔热作用众所周知，评价屋顶绿化隔热效果通常采用屋顶内表面温度和进入室内的传热密度。根据重庆无空调房间种植屋顶内表面温度和传热密度对比实测结果，屋顶种植绿化后屋顶内表面最高温度可降低4.2℃，平均温度可降低1.3℃，并且种植屋顶内表面传热密度为负值，即传热方向是从室内向屋顶，其结果是种植屋顶吸收室内热量和夏季阳光的辐射热量，而无绿化屋顶是向室内放出热量。种植屋顶的冷却效率达到了145%，隔热效果很显著。这个研究结果与许多国家的研究结果相同。1982年德国立法强行推广屋顶绿化。目前发达国家已将屋顶种植作为屋顶建造的新材料进行推广。

另外，根据测定：阳光照耀在水泥表面，有20%被反射，而80%则被滞留转变为热；在玻璃表面，90%的阳光转变为热；而在屋顶种植花草植物，照射到植物表面的80%的能量则通过蒸发效应消失，剩余的热在土壤中不会提高地表和建筑内的温度。在东京中心地区一处办公大楼上的楼顶试验绿化区的试验显示，当室外的气温达到37℃时，没有绿化楼顶的室内温度达到38℃，而绿化了楼顶的室内温度仅为29℃。一般来说，在炎热的夏季，屋顶有植被的楼房比没有植被的楼房，房间温度可低3℃~5℃。因此，屋顶绿化后，减少夏季使用空调的费用是显著的。东京的研究材料表明：东京市在20世纪年平均温度上升了3℃，如果东京城市的一半屋顶被绿化，夏季的最高日气温可以下降0.84℃，每天节省的空调费达100万美元。因为降温而导致的城市空气质量的改善，其环境效益则是不可估量的。而在冬天，铺上泥土种上花草的绿色屋顶则像一个温暖罩保护着建筑物，使得屋顶下房间的温度不易降低，从而也降低了采暖的费用。

西直门招待所屋顶草坪之一

西直门招待所屋顶草坪之二

众多实例已经证明,屋顶绿化层对于建筑物来说相当于一个绝缘层,能够使楼房冬暖夏凉,为楼房住户提供一个良好的生活环境,并且节约能源,夏季节省空调用电量的50%~70%。

绿化与否的屋顶表面与顶层室内温度比较

项 目	屋顶表面温度(℃)	屋顶内表面温度(℃)	室内温度(℃)
绿化屋顶	32.6	30.1	28
非绿化屋顶	40.1	36.2	32.5
温差	7.5	6.1	4.5

4. 保护建筑物,延长其使用寿命

德国的研究资料表明:在绿化覆盖下的屋顶平均寿命是40~50年,而裸露屋面的寿命只有25年。由于混凝土组成的屋顶的比热很小,吸收热量后易升高温度,也容易在放热后降低温度。高温会引起屋顶构造的膨胀,低温会引起屋顶构造的收缩。屋顶结构中的防水保护层直接暴露在更高的与更低的温度以及更大的昼夜温差剧烈变化的气候环境中,更易使屋顶构造材料特别是防水层加速老化和遭到破坏,甚至使屋顶裂缝,降低使用寿命,导致漏水。因此,我国《建设工程质量管理办法》中明确规定:建筑物屋面防水保修期只有3年,到时就得对屋面防水层进行整修。

根据唐鸣放教授的重庆种植屋顶对比实测结果,屋顶种植绿化后防水层外表面温度的变化幅度仅为普通屋顶的3%~6%(夏季)和13%~15%(冬季),可见这种绿色覆盖显著降低了防水保护层的全年温度变化热应力,而且减轻了因阳光暴晒引起的热胀冷缩和风吹雨淋,可以保护屋面。

屋顶防水层外表面温度(℃)

内容	夏季			冬季	
	最高温度	平均温度	温度波幅	最低温度	温度波幅
种植屋顶	29.1	28.6	0.75	9.7	0.7
普通屋顶	53.1	35.8	13.3	5.5	4.6

据我国著名建筑防水专家叶林标教授说,屋顶绿化使建筑防水层卷材的寿命延长3~5倍,对建筑物构件起到相当大的保护作用,从而延长整个建筑的使用寿命。

5. 通过储水,减少屋面泄水,减轻城市排水系统的压力

通常在进行城区建设时,地表水都会因建筑物而形成封闭层,降落在建筑表面的水按惯例都会通过排水装置引到排水沟,这种常用的做法会造成地下水的显著减少,随之而来的是水消耗的持续上升,这种恶性循环的最后结果导致地下水资源的严重枯竭。在现代的许多城市、地区,屋顶水没有被作为很有价值的自然资源而加以利用,而是将其同严重污染的水混合在一起作为废水处理,这种在沉淀池的处理费用是相当昂贵的。

北京夏季常常下雨,每次遇到暴雨,则会造成城市洪水,特别是立交桥下,车辆都无法通行。而在德国,大雨过后路面上冲刷得很干净。原因在于:一是中国的市政系统不如德国,路面的施工质量差,排水系统超负荷,所以积水往往不能很快地排走。二是德国的道

首都大酒店屋顶花园,不仅水池可以蓄水,屋顶绿化的植物蓄水功能也很强大(地下车库)

路多采用透水砖铺装，减少了地表径流。北京的硬地面基本上不具备雨水渗透功能，雨水迅速流向低处积聚成洪。三是德国的屋顶大部分进行绿化，蓄水滞水50%～80%，减缓了雨水流速。北京几乎全是秃的屋顶，雨水得不到滞留。大量的积水不可能在短时间内排泄，必定造成城市内洪水危害。而屋顶绿化有助于缓解这一问题。屋顶绿化的土壤可以在长达一两个月以上的时间里，保留15%～20%的降水，使雨水缓慢释放到城市空气中和雨水排放系统里。如果屋顶花园在整个城市内形成网络，屋面排水可以大量减少，并极大地减轻城市排水系统的负荷与压力，显著地改善附近水域的水质，减少处理污水的费用。试验表明：绿化屋顶可以使降水强度减低70%（VEITSHOEHEIM的巴伐利亚园艺站），这无疑可以作为排水工程中确定排水管道、溢洪管或储水池尺寸时节省费用的根据。绿化屋面除具有屋面排水外，可以把大量的降水储存起来，蓄水功能50%～90%不等，取决于系统和当地的气候。

在国外，许多城市和乡镇，将地面收集的雨水和污水分开计算污水费用，大多情况下，治理污水仅花一半费用就可以了。

6. 创造城市内的生物生息空间，完善生态系统

人与自然的共生是现代城市发展的必然方向，而节能、可自我循环、完善的城市生态系统是城市可持续发展的基础。城市的不断扩张，扰乱当地的生态系统，破坏生态平衡，使很多当地固有物种消失。对于一个建筑密集的城市，系统化的屋顶绿化可以偿还大自然有效的生态面积；为野生动植物提供新的生活场所，通过绿地的多样化实现城市生态系统中生物的多样性，从根本上改善城市环境。

乔灌草的合理搭配，体现了生物多样性

长城饭店屋顶花园，相信有一天这些梦想可以变成现实，大力发展屋顶绿化，一定可以实现人类、动物、植物的和谐生存

7. 提高城市舒适性，营造绿色健康环境，创造新型可利用空间

在高楼林立的城市中，由于地价过于昂贵，尤其是在北京、上海等大城市，越来越多的建筑侵蚀着城市中仅有的一点土地。创造新型可利用空间，解决绿化与建筑争地的矛盾。把城市的污水处理厂、垃圾工厂和城市中心的停车场等大规模的城市设施顶部进行绿化。虽然不能代替地面绿化，但对解决大城市公共绿地用地难的问题起到很大的作用，是地面绿化的一种补充。美国纽约正在着手于把曼哈顿区屋顶连起来建造大型空中花园。一块块屋顶加起来，节能环保的作用就体现出来了。中国许多城市也都有了这方面的考虑。

屋顶绿化代替了难看的灰色混凝土、黑色沥青，合理地利用和分配城市上层空间，美化城市高层建筑周围环境，创造与周围环境协调的城市景观。对于身居高层的人们，无论是俯视大地和低层楼顶还是仰视上空，都如同置身于绿色环抱的园林美景之中，保持了与自然的联系。同时，屋顶绿化还能降低噪声、软化硬质建筑线条，消除这些给人带来的烦躁感，有益于人的身心健康，使城市更自然、更人性化，提高城市的舒适性，为人们开拓更多的绿色休闲空间，使人们就近娱乐、休息，有回归自然的感觉。而美国森林服务中心的研究证明：城市住宅区多栽花卉及其他植物，在社会学、医学及经济学诸方面都可给人类带来无穷的益处。

另外，在中小学校园内建设屋顶花园，可以为学生提供一个学习植物知识和参与种植活动的良好场所；在住宅楼的屋顶上进行绿化，还可以增加住户们户外活动见面、交流的机会，更好地密切邻里关系。

对地面进行绿化与对屋顶进行绿化相比，地面比屋顶成本明显地要高很多，主要体现在对地面进行绿化时的土地费用上。屋顶绿化则相对有很大的优势，从占用土地上讲，是免费的。屋面种植的性质决定了其在生态方面可以发挥其独特的作用，是21世纪人们改善环境的广阔空间。专家指出，建设屋顶花园的费用，只是整栋楼房总造价的1‰～3‰，是任何一家建设单位都能承受的，关键还是一个节能环保的理念问题。

屋顶绿化在技术方面已经不成问题，在费用方面又是最省钱的方式，最主要的是认识问题，成都在这方面给了我们很多经验。一旦人们认识到了屋顶绿化的巨大意义，它将会像手机、电脑、汽车一样来到我们的中间，很快会走入我们的生活。屋顶绿化是一个新兴行业，也是一个巨大无比的产业。这是落实"让人民群众喝上干净的水，呼吸到新鲜空气，有更好的工作和生活环境"的重要举措，对建造和谐社会具有深远的意义。

屋顶绿化的功能简单可归纳为十个方面：

（1）寸土寸金的城市用地得到再次开发利用，可以提高国土资源利用率，由于没有土地成本，屋顶绿化是城市最廉价的绿化方式，有利于迅速提高城市绿化量和绿地覆盖率；

（2）吸纳可吸入颗粒物，有利于减少大气浮尘，净化空气；

（3）减弱建筑物日光反射，有利于降低城市热岛效应，节约能源；

（4）吸纳并利用天然降水，有利于雨水排泄、利用，有利于减少地面排水压力；

（5）提高城市蓄排水能力，有利于增加空气湿度，净化水源；

（6）阻滞沙尘暴，有利于提高城市抗灾能力；

（7）保护建筑物顶部，有利于延长屋顶建材乃至整体建筑的使用寿命；

（8）降低室内温度，有利于节约电力资源；

（9）削弱城市噪声，有益市民的身心健康；

（10）改善城市环境面貌，有利于提高城市生活质量和景观水平，提高人与自然的和谐度，提高市民生活和工作环境质量。

红桥市场屋顶花园施工前后对比

京伦饭店屋顶花园施工前后对比

第4章
墙体、屋面等的垂直绿化

本节的垂直绿化主要是指墙体、屋面、栏杆等，墙体绿化的植物配置受墙面材料、朝向和墙面色彩等因素制约。粗糙墙面，如水泥混合砂浆和水刷石墙面，则攀附效果最好；墙面光滑的，如石灰粉墙和油漆涂料，攀附比较困难；墙面朝向不同，选择生长习性不同的攀缘植物。

墙体绿化种植形式主要分两种。

4.1 传统方法

沿墙体直接栽植，一般带宽50~100cm，土层厚50cm，植物根系距墙体30cm左右，利用植物自身的攀缘器官向上攀爬，覆盖墙体，形成绿量。或者利用种植槽或容器栽植，一般种植槽或容器高度为50~60cm，宽50cm。栽植后，在植物体旁边设置钢架、木架、竹架，利用绳索牵引植物上爬或每隔一段距离用钢丝固定，引导植物沿一定方向攀缘。

利用绳索牵引植物上爬

北京市政府,满墙的爬山虎就是天然的大空调

立体的墙面爬山虎与地面的草坪连成一体,都为绿色,但绿色调又很丰富

紫藤爬藤

竹园,爬山虎绿墙前的红灯笼更加喜庆

高耸的侧柏、自然翠绿的爬藤和古朴的建筑就是一幅风景画

立体绿化

长城饭店

花架

自动化研究所

第4章 墙体、屋面等的垂直绿化

住房和城乡建设部各色生物藤本月季花墙、花架将大院装饰得更加美丽

金银花，既可软化硬冷的铁栏杆，又可以成为院内居民泡茶的好原料

4.2 墙体绿化新技术

4.2.1 无土草坪毯

利用工农业废料高温复合加工成的海绵状载体，具有保水、保肥、松软、透气等特性，可以裁剪成各种形状组合拼摆。根据不同地域的气候，选择播种。一般有早熟禾、高羊茅、结缕草、剪股颖、黑麦草等禾本科植物，还有马蹄金、紫花苜蓿、冰草等。这种草坪重量轻、景观好、可用范围广，甚至室内也可以利用，与传统有土草皮相比，具有环保、不破坏土地资源、抗病虫害、无杂草等优势。

现今，在美国市场上销售一种绿色屋顶模块系统，由特制的模块化容器、配比恰当的植物生长基质和耐旱、易生长的植物组成。韩国生产的一种植生模块，德国的护坡草坪都是这种方式。植物生长垫利用无纺布或一些回收的聚酯、尼龙、聚乙烯、聚丙烯等或机织物等多种材料，将种子和营养基质、保水剂等加入进去，高温挤压复合组合成垫状载体。具有一定的弹性、通气性和不透水性。生长模块内部装入营养土，根据不同的植物可以调整营养土的成分。可以并列地分成多个格，每个格开若干裂缝，数量和间距根据绿化的需要而定。绿化时，将生长模块水平放置，在缝隙内种上植物，种植后将生长垫沿墙体表面吊起，或者用钢架固定在墙面上，植物向外。最后加入适量的水，以促进植物的生长。植物材料从禾本科、景天科植物到具有观赏性的四季常青的植物及小灌木，可以组成不同色彩的植物群落，将一个生机勃勃的景象很快地呈现在人们的面前。

这些绿化方法可以根据墙体的具体情况，精细地对墙体绿化，达到理想的绿化效果。此外，也可用于屋顶、阳台、立交桥、边坡等立体绿化。

无土草坪毯

海淀公园的无土草坪毯

奥林匹克公园的无土草坪毯

石景山奥运小轮车赛场的无土草坪毯

4.2.2 组合式壁挂装置

包含底盆托架和多单元连体花盆，该连体花盆是由多只盆口向上的单元花盆依次固定在专用壁架上而成的，连体花盆以最末一个单元插嵌在底盆托架的托盆中。根据柱形建筑物的高度，可用多组多单元连体花盆叠置至所需高度，以上一组多单元连体花盆的最末一个单元插嵌在下一组多单元连体花盆的最上一个单元内，任意调节高度。

另外一种是壁挂装置，由花盆架、花盆、给水排水系统、内框、外装饰框等几部分组成。花盆架采用后部全封闭插接设计，浇水时不会对墙面造成污染。每一套组合装置的最底部有接水装置，多余的水可直接滴入经排水孔排出，不易污染地面。该壁挂装置可横向纵向随意进行组合。可根据需要组合成任意大小的壁挂装置。可根据需要组合成多种图形。还可采用不同植物品种和颜色组合成多彩色块和图案。室内外均可应用。大型壁挂装置可安装自动灌溉系统。该装置内部设有供水系统，操作简便，由于该装置设有紧密的防水板，所以浇水时不会污染墙面，在该装置的下方设有接水槽，多余的水会滴入接水槽中，通过排水装置排出，不会污染地面，有几十种花草可供栽植。该壁挂装置应用非常广泛，可在宾馆、饭店、机场、车站等大型的公共场所室内外墙壁上进行绿化美化，也可以在客房、居室、大厅等室内墙壁上应用，效果极佳，它就是一幅活的壁画，悬挂于墙面之上，给人一种全新的享受。

国奥村壁挂装置

刚刚建好的奥运村虽然还没有完全清理，但是美丽花墙的风采已经展现出来了

4.2.3 垂直面绿化构件

垂直面绿化构件的垂直面有排列有序、向上倾斜的花草导出管和与花草导出管相连通的空腔，构件的上方有弯钩、有凹口，下方有凸片，便于施工安装。在空腔中植入培植基，通过花草导出管植入花草即能起到垂直绿化的目的。这种防护墙为钢结构，基部H钢与地面平行，而悬空H钢则与地面成一个角度。在钢结构上加上钢丝和透水性水泥层、人造绿化土壤，就可以在上面种植植物了。

奥运大厦的垂直面绿化构件之一

奥运大厦的垂直面绿化构件之二

奥运大厦的垂直面绿化构件

第5章
阳台、露台绿化

阳台、露台是建筑的重要组成结构，在地面绿化用地越来越紧张的城市，阳台、露台绿化显得越来越重要，而且形成了自身的特点。阳台绿化指利用各种植物材料对阳台进行的绿化装饰。在绿化美化建筑物的同时，也实现了城市绿化量的增加。阳台、露台绿化是建筑和街景绿化的组成部分，也是居住空间的扩大部分。既有绿化建筑、美化城市的效果，又是居住者参与城市生态建设的重要方式之一。

5.1 阳台、露台绿化的常用方法

由于阳台、露台空间狭小，承重较低，直接种植植物很难实现，因此主要利用容器栽植的形式。常用方法有：

（1）直接摆放：将各种漂亮的盆花直接放置在阳台的构架上，或阳台内侧的地面上。这种方法简单、经济，但一定要注意安全。

（2）阶梯式：在阳台、露台比较空旷的地方设置一个坡面或楼梯状的装置，可以将花盆固定在上面。或者做成水培式结构种一些生菜等新鲜的蔬菜，会是另一种情趣。

（3）悬挂式：用小巧精致的容器栽种吊兰等一些精巧可爱的小型植物，悬挂在阳台顶板上。

（4）外挂式：在阳台外放置种植槽（盆），种植花色艳丽或叶色多彩、飘逸的下垂植物，让枝蔓垂吊于外，既充分利用了空间，又美化了环境。

直接摆放

窗台绿化

阶梯式

悬挂式

外挂式

5.2 北京阳台、露台绿化展示

（1）奥运村，位于北京奥林匹克公园B区内西北侧，是按北京市示范住宅区的标准建造的，绿化的形式、方法都是比较先进的。阳台绿化也是其中的一个重要方面。

（2）奥林匹克公园，地处北京中轴线北端，是2008年北京奥运会比赛的主要场所，也是向世界各国友人介绍中国文化、技术的良机，因此奥林匹克公园汇集了许多最新的技术，凝聚了无数人的智慧和汗水。

（3）知春里中学，创办于1985年，是一所在教育改革中创新和发展的中学，曾获"海淀区环境教育先进单位"等荣誉称号。这一称号与学校进行的立体绿化密不可分。

奥运村阳台、露台绿化

奥林匹克公园阳台、露台绿化

阳台绿化与地面绿化相结合

该校学生向参观者讲解阳台绿化的作用、自动浇灌系统及相关的知识。学校的新型绿化让孩子们在实践过程中学到许多有益的知识，同时也启发了他们的思维

阳台绿化与墙体绿化的结合，为孩子们营造了一个良好的学习环境

5.3 阳台绿化的注意事项

（1）安全第一位：阳台负荷不宜过重，植物、容器的选择不应过重或体积过大，盆架的安放要牢固、轻巧，不怕风雨侵蚀，防止掉落伤到路人。

（2）排水系统的设置：尽量使容器不漏水，不污染、破坏墙面或滴水影响邻居或街道。如有水池，应注意水池的排水系统，水池面积也不宜过大，否则会对楼房安全造成危害。

（3）植物的摆放：花卉盆景要合理安排，既要保证安全性、便于浇水，又要使各种花卉盆景都能充分吸收到阳光，并且应注意通风透气。

5.4 栽植容器的选择

根据植物体的大小和生长的快慢选择不同的容器。容器栽培利于组团成景，方便搬动。但是利用金属、陶瓷、泥瓦容器在屋面上会加重荷载承受力度，塑料容器长时间受太阳照射则会破裂、损坏。木制容器易于与周围环境相协调，增加景观效果，但长时间也易腐烂，现有很多防腐木制品可以用在绿化上。植物的根系应尽量控制在容器中。因为预留的孔洞和容器本身缝隙的存在，许多容器容易出现胀裂的情况，应当注意，以保安全。

5.5 阳台植物的选择

（1）首要选用有利于人体健康的植物品种

（2）要选择适应性强、管理粗放、水平根系发达的浅根性植物，主要是一些中小型草木本攀缘植物或花木。包括观花、观叶、观果、观形的植物品种。

（3）要根据建筑墙面和周围环境相协调的原则来布置阳台。可选择居住者爱好的各种花木。

（4）适于阳台栽植的植物材料非常多，材料可用单一品种，也可用季相不同的多种植物混栽。

常用植物举例

（1）常春藤（*Hedera nepalensis*），五加科，常春藤属。常绿攀缘藤本。茎枝有气生根，幼枝被鳞片状柔毛。叶互生，2裂，革质，先端渐尖，基部楔形，全缘或3浅裂；花枝上的叶椭圆状卵形或椭圆状披针形，长5~12cm，宽1~8cm，先端长尖，基部楔形，全缘。伞形花序单生或2~7个顶生；花小，黄白色或绿白色，花5数；子房下位，花柱合生成柱状。果圆球形，浆果状，黄色或红色。花期5~8月，果期9~11月。

（2）绿萝（*Scindapsus aureum*），天南星科，绿萝属。绿萝为蔓性多年生草本，略带木质的附本藤本，攀缘向上可达5m。茎粗1~2cm，茎叶肉质，以攀缘茎附生于他物上，多分枝，有发达的气根。叶片广椭圆形，叶宽30cm左右，盆栽叶10~20cm，蜡质，暗绿色，有金黄色不规则的斑块或条纹，光洁挺拔。大株有花，果实成熟时为红色浆果。

（3）吊兰（*Chlorophytum comosum*），百合科，吊兰属。吊兰为宿根草本，具簇生的圆柱形肥大须根和根状茎。叶基生，条形至条状披针形，狭长，柔韧似兰，长20~45cm、宽1~2cm，顶端长、渐尖；基部抱茎，着生于短茎上。吊兰的最大特点在于成熟的植株会不时长出走茎，走茎长30~60cm，先端均会长出小植株。花葶细长，长于叶，弯垂；总状花序单一或分枝，有时还在花序上部节上簇生长2~8cm的条形叶丛；花白色，数朵一簇，疏离地散生在花序轴上。花期在春夏间，室内冬季也可开花。

（4）天竺葵（*Pelargonium graveolens*），牻牛儿科，天竺葵属。天竺葵为多年生草本。基部稍木质化，茎多汁。叶心脏形，绿色，常具马蹄形环纹。伞形花序顶生，总梗长，花有白、粉、肉红、淡红、大红等色，有单瓣重瓣之分，还有叶面具白、黄、紫色斑纹的彩叶品种。花期5~6月。

常春藤

绿萝

吊兰

天竺葵

矮牵牛

(5) 矮牵牛 (*Petunia hybrida*),茄科,矮牵牛属。多年生草本,常作一二年生栽培,株高15~60cm,全株被黏毛,茎基部木质化,嫩茎直立,老茎匍匐状。单叶互生,卵形,全缘,近无柄,上部叶对生。花单生叶腋或顶生,花较大,花冠漏斗状,边缘5浅裂。花期4~10月。蒴果,种子细小。

(6) 美女樱 (*Verbena hybrida*),马鞭草科,马鞭草属。多年生草本植物,常作一二年生栽培。茎四棱、横展、匍匐状,低矮粗壮,丛生而铺覆地面,全株具灰色柔毛,长30~50cm。叶对生有短柄,长圆形、卵圆形或披针状三角形,边缘具缺刻状粗齿或整齐的圆钝锯齿,叶基部常有裂刻,穗状花序顶生,多数小花密集排列呈伞房状。花萼细长筒状,花冠漏斗状,花色多,有白、粉红、深红、紫、蓝等不同颜色,略具芬芳。花期长,4月至霜降前开花陆续不断。蒴果,果熟期9~10月,种子寿命2年。

美女樱

(7) 非洲凤仙 (*Impatiens sultanii*),凤仙花科,凤仙花属。多年生草本,茎多汁,光滑,节间膨大,多分枝,在株顶呈平面开展。叶有长柄,叶卵形,边缘钝锯齿状。花腋生,1~3朵,花形扁平,花色丰富。四季开花。栽培品种很多,花色非常丰富。

非洲凤仙

(8) 长寿花 (*Kalanchoe blossfeldiana*),景天科,伽蓝菜属。多年生肉质草本。茎直立,株高10~30cm。叶肉质交互对生,椭圆状长圆形,深绿色有光泽,边略带红色。圆锥状聚伞花序,花色有绯红、桃红、橙红、黄、橙黄和白等。花冠长管状,基部稍膨大,花期年前12月至翌年4月底。

长寿花

5.6 自动养花的阳台绿化技术介绍

1）定义：自动浇水、自动供肥、自动防虫技术结合，构成自动养花的阳台（窗台、露台、屋顶、墙面、室内）绿化技术。

2）自动养花原理（示意图）。

3）自动养花阳台绿化技术的特点：

（1）自动浇水：

以"自动灌溉开关"（专利号：2006200011736）为核心的不用电的浇水系统，感应土壤干了，就自动打开浇水，感应土壤湿了，就自动关闭浇水。

（2）自动施肥：

中国农业科学院、国家肥料中心等单位在国家863高科技计划支持下，研制出的高分子控释肥，一次施入可缓慢地自动释放出供花生长60～270天所需要的养分。

（3）自动治虫子：

驱避剂+内置杀虫剂两种对人无害的生态农药构成立体防治。驱避剂可以在花周围的空气中自动释放，形成气态保护罩，虫子嗅到就会避开。对200多种虫子有效，持续保护长达半年。内置杀虫剂施入土壤中，药缓慢释放水中进入花体，虫子接触土壤或食花，就被杀死，能防治大多数常见虫子，持续保护长达半年。

自动养花阳台（窗台、露台、屋顶、墙面、室内）绿化技术解决了中国大部分人没有养花时间和养花经验的问题，使所有的家庭都可以作阳台的绿化。也使窗台、露台、屋顶、墙面、室内等不便养护部位的绿化能方便进行。

自动养花示意图

传统浇灌

第6章 道路、立交桥绿化

　　道路是城市的经脉，不仅比重较大，而且发挥着非常重要的作用。道路上每天都有无数的车辆来来往往，尾气污染比较严重，所以道路绿化是重要的也是必要的。由于城市用地越来越紧张，道路隔离带的宽度非常有限，因此道路绿化的垂直发展成为必然的趋势，而且大有文章可做。道路的立体绿化主要体现在隔离带、立交桥的垂直绿化等方面。北京相关部门在道路绿化方面作出了很大的努力，取得了很好的效果，堪称国内道路绿化的典范。

　　北京道路的交通压力非常大，为了缓解压力，给市民带来方便，北京不仅向地下发展，建造了四通八达的地铁，而且也向上发展，设置了许多立交桥。立交桥位于地上，不仅要发挥它们的功能作用，还要让它们成为一道道风景线，发挥生态作用，这就要靠丰富、先进的绿化方法来实现。北京的立交桥绿化起步比较早，经过多年的探索和努力，已经取得了很好的成效。

　　为了丰富单一的街道景观，北京的街道还通过设置不同造型的花架，来创造多边的立体景观。

郁郁葱葱的防护林带

简单明了的道路护坡

植物配置丰富的分车带

佛甲草作隔离带，不仅养护方便、抗性强，而且绿期较长

树池的基础种植清新自然，白色的栅栏是树池，与金叶女贞搭配在一起显得和谐统一。旁边的挡土墙也在迎春的装饰下显得柔和了许多

不同花色、花型的月季，各显风采，将一条条或曲或直的道路装点成了一条条花带

月季爬满了道路的隔离墙，可以说是北京道路绿化的一大亮点，月月花开不断，颜色五彩缤纷，让每个路人都有一份好心情，不仅具有很好的景观效果，净化了空气，同时还有一定缓解心绪的作用，减少交通事故的发生。现在北京道路绿化所用的月季品种主要有："黄手帕"、"暗香"、"红五月"、"光谱"、"御用马车"和"金秀娃"等

立交桥绿化

在桥底设种植池,将藤本植物种于其中,慢慢爬上桥体,这是立交桥绿化最常用的方法,也是最简单有效的方法。这种方法常选用的藤本植物有:扶芳藤、爬山虎、五叶地锦、美国凌霄、胶东卫矛、金银花、铁线莲等

自然而富有生机的绿墙与多彩艳丽的月季相得益彰

近景效果

被翠绿的爬山虎覆盖的立交桥犹如一座"绿桥"

立交桥绿化不留死角,一些比较隐蔽的地方也做得一丝不苟

蝴蝶花架

树状花架，种植金叶番薯

爬满月季的花架丰富了道路的景观层次，以深绿的圆柏绿篱、翠绿的五叶地锦为前景，深紫的紫叶李为背景

扇形的花架

为了达到迅速成景的要求，北京街道出现了各式各样的花箱、花钵。这些花钵不仅形式多样，而且利用滴灌实现了节水灌溉，养护简单，还可以根据不同季节、不同主题更换花卉。现已成为北京街道绿化的又一亮点。

东二环立交桥，已经成为首都的一道美景

一个个连续的花箱将僵硬的立交桥装扮得丰富多彩

自动滴灌系统，不仅大大减少了园林工作者的劳动，而且养护效果比较好，因为自动灌溉系统会根据基质的干湿程度自动调节

分车带的木质花盒、可爱的夏堇、鲜艳的秋海棠让分车带变成了漂亮的花带

高出的花钵、花篮大大增加了分车带的立体景观，增加了绿量，加强了对汽车尾气的吸收效果

第7章 室内绿化

百年奥运,国际交往空间频繁,促使酒会、宴会、会议活动的插花、摆花得以发展,有了鲜花、绿植的装扮,人们就能感受到自然的气息,感受到大自然的脉搏在跳动,生命的韵律在旋动,营造出温馨、舒适、和谐之美,绿饰植物在此具有软化空间线条和重组室内空间的作用,使室内格调更加简洁自然、大方文雅。

7.1 会场装饰

地台花、绿小菊、袖珍蝴蝶兰、芒叶,清新自然,色调淡雅,适用于地台装饰

风暴百合、菖蒲叶,直立型,作品简洁大方,高120cm,幅宽50cm,适用于酒会类周边环境装饰

火鸟、龙柳、散尾叶,呈放射型,高200cm、幅宽150cm,为庆典类大型环境装饰花

百合、白掌、火龙珠、芍药、火焰兰，做成双层现代自由式插花，适用于酒会类酒台装饰

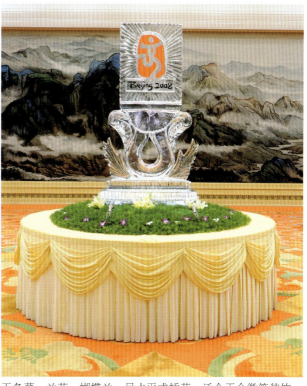

天冬草、兰花、蝴蝶兰，呈水平式插花，适合于会徽等装饰

主席台前鲜花装饰

陶瓷娃娃"阿福"与兰花相配,显出淡泊、高雅的民族气节

芍药、白掌、芒叶、火龙珠、兰花、百合,高80cm,幅宽20cm,呈直立型三层插花

剑兰、龟背叶,配以圆形陶艺花器,呈直立型,其色彩和谐大方,适用于接待厅墙壁花

火焰兰、钢草,呈放射型插花作品,热烈奔放,高80cm,幅宽50cm

天冬草、龟背叶,呈下垂式,适用于会议舞台台口装饰

7.2 宴会会议厅鲜花装饰

彩兰、百合、玫瑰、八角叶，呈欧式水平插花，清新淡雅

百合、玫瑰、鸟巢蕨、红掌等装饰

百合、玫瑰、郁金香、软叶针葵，适用于大型圆桌宴会

龟背竹、百合、红掌、文心兰、非洲天门冬装饰

牡丹等组合

蝴蝶兰、花叶常春藤、合果芋，适用于生日餐桌宴会

芍药装饰

7.3 酒会类餐桌摆花

绿小菊、蝴蝶兰，堆积成球形，简洁大方，适用于西式酒会

巴西木、白兰、白玫瑰、春兰叶、百合、新典木，呈下垂式，清新典雅，适用于酒会吧台和签到台

百合、绿小菊、蝴蝶兰、春兰叶，呈直立形组群，高80cm、幅宽60cm，明快大方，清新淡雅，适用于西式大型圆桌装饰

香槟玫瑰、跳舞兰、芒叶，呈球形双层组合，适用于茶歇、酒会类小型桌面装饰

竹顶红、新西兰叶、糖棉、芒叶，高60cm，幅宽40cm，呈现代自由式、直立形，喜庆欢快

红掌、新西兰叶、红兰，呈现代自由式，高60cm，幅宽40cm，欢快大方，喜庆，适用于酒会大型圆桌

第7章 室内绿化

粉百合、白掌、红豆、跳舞兰、太阳花、芒叶、钢草，呈直立高低错落式，充实而丰满，结构紧凑丰富，适用于中西式酒会中小型圆桌

跳舞兰、鸟巢蕨、直立型组合，色彩感强，简洁大方，适用于酒会

绿掌、彩兰、牵手叶、芒叶，上下错落式、直立型，适用于酒会、宴会桌面装饰

玫瑰、文心兰、鸟巢蕨组合

黄色风暴百合、常青藤、天门冬，呈球形组合，上下堆积式，高度65cm，宽40cm，直立型，适用于西式酒会桌面装饰

红玫瑰、龟背叶，呈水平直立型、堆积式，高45cm，宽20cm，适用于西式酒会桌面装饰

151

附 录

成都市园林管理局文件

园林发 [2005] 13号　　　　　　签发人：张子祥

关于印发《成都市屋顶绿化及垂直绿化技术导则（试行）》的通知

各区园林绿化主管部门、高新区规划建设局：

　　屋顶绿化和垂直绿化一直是我市城市绿化的特色，为了积极鼓励屋顶屋顶绿化和垂直绿化，丰富城市绿化景观，为创建国家园林城市创造条件，现将《成都市屋顶绿化及垂直绿化技术导则（试行）》印发给你们，请你们以此为标准指导城市屋顶绿化和垂直绿化。

　　附件：成都市屋顶绿化及垂直绿化技术导则（试行）

二〇〇五年十一月二十四日

主题词：印发　立体绿化　导则　通知

抄送：市建委、市规划局

屋顶绿化及垂直绿化植物材料参考名录

一、小乔木

红枫、木芙蓉、天竺葵、桂花、棕榈、蒲葵、龙爪槐、苏铁、玉兰、紫薇、樱花、垂丝海棠、紫叶李、罗汉松、小型果树类。

二、灌木

南天竹、紫荆、丝兰、栀子花、十大功劳、洒金珊瑚、蜡梅、贴梗海棠、红花檵木、木槿、石楠、冬青、四季桂、榆叶梅、火棘、杜鹃、花石榴、黄花槐、小叶女贞、金叶女贞、迎春、紫叶小檗、广东含笑、伞房决明、海桐、山茶花、茶梅、月季。

三、竹类

凤尾竹、小琴丝竹、小观音竹、佛肚竹。

四、藤本

地锦类、油麻藤、金银花、紫藤、常春藤、扶芳藤、七里香、三角梅、蔷薇、葡萄。

五、草本地被植物

结缕草、佛甲草、垂盆草、三叶草、马蹄金、混播草类、扁竹根、麦冬、肾蕨等。

六、草花类

各种草花。

ICS 65.020.20
B 05
备案号：

北京市地方标准

DB11/T 281—2005

屋顶绿化规范

Code for Roof Greening

2005-05-10 发布　　　　　　　　　　　　2005-05-10 实施

北京市质量技术监督局 发布

目 次

前言

1 范围……………………………………………………………………………………157

2 规范性引用文件………………………………………………………………………157

3 术语和定义……………………………………………………………………………157

4 基本要求………………………………………………………………………………158

5 屋顶绿化类型…………………………………………………………………………158

6 种植设计与植物选择…………………………………………………………………159

7 屋顶绿化技术…………………………………………………………………………162

前 言

为了规范北京城市屋顶绿化技术，提高北京城市屋顶绿化质量和水平，依据CJJ 48—92 公园设计规范、CJJ/T 91—2002 园林基本术语标准、DBJ 01—93—2004 屋面防水施工技术规程、DBJ 11/T 213—2003 城市园林绿化养护管理标准和《北京地区地下设施覆土绿化指导书》（北京市园林局2004年1月1日公布），特制定本标准。

本标准由北京市园林局提出并归口。

本标准由北京市园林科学研究所负责技术解释。

本标准起草单位：北京市园林科学研究所。

本标准主要起草人：韩丽莉。

屋顶绿化规范

1 范围

本标准规定了屋顶绿化基本要求、类型、种植设计与植物选择和屋顶绿化技术。

本标准适用于北京地区建筑物、构筑物平顶的屋顶绿化设计、施工和养护管理工作。

本标准为推荐性标准。

2 规范性引用文件

下列文件中的条款通过本标准的引用而成为本标准的条款。凡是注日期的引用文件，其随后所有的修改单（不包括勘误的内容）或修订版均不适用于本标准，然而，鼓励根据本标准达成协议的各方研究可使用这些文件的最新版本。凡是不注日期的引用文件，其最新版本适用于本标准。

CJJ 48—92 公园设计规范

CJJ/T 91—2002 园林基本术语标准

DBJ 01—93—2004 屋面防水施工技术规程

DBJ 11/T 213—2003 城市园林绿化养护管理标准

3 术语和定义

下列术语和定义适用于本标准。

3.1 屋顶绿化 roof greening

在高出地面以上，周边不与自然土层相连接的各类建筑物、构筑物等的顶部以及天台、露台上的绿化。

3.2 花园式屋顶绿化 intensive roof greening

根据屋顶具体条件，选择小型乔木、低矮灌木和草坪、地被植物进行屋顶绿化植物配置，设置园路、座椅和园林小品等，提供一定的游览和休憩活动空间的复杂绿化。

3.3 简单式屋顶绿化 extensive roof greening

利用低矮灌木或草坪、地被植物进行屋顶绿化，不设置园林小品等设施，一般不允许非维修人员活动的简单绿化。

3.4 屋顶荷载 roof load

通过屋顶的楼盖梁板传递到墙、柱及基础上的荷载（包括活荷载和静荷载）。

3.5 活荷载（临时荷载） temporary load

由积雪和雨水回流，以及建筑物修缮、维护等工作产生的屋面荷载。

3.6 静荷载（有效荷载） pay load

由屋面构造层、屋顶绿化构造层和植被层等产生的屋面荷载。

3.7 防水层 waterproof layer

为了防止雨水和灌溉用水等进入屋面而设的材料层。一般包括柔性防水层、刚性防水层和涂膜防水层三种类型。

3.8 柔性防水层 floppy waterproof layer

由油毡或PEC高分子防水卷材粘贴而成的防水层。

3.9 刚性防水层 rigid waterproof layer

在钢筋混凝土结构层上，用普通硅酸盐水泥砂浆掺5%防水粉抹面而成的防水层。

3.10 涂膜防水层 membrane waterproof layer

用聚氨酯等油性化工涂料，涂刷成一定厚度的防水膜而成的防水层。

4 基本要求

4.1 屋顶绿化建议性指标

不同类型的屋顶绿化应有不同的设计内容，屋顶绿化要发挥绿化的生态效益，应有相宜的面积指标作保证。屋顶绿化的建议性指标见表1。

表1 屋顶绿化建议性指标

花园式屋顶绿化	绿化屋顶面积占屋顶总面积	≥60%
	绿化种植面积占绿化屋顶面积	≥85%
	铺装园路面积占绿化屋顶面积	≤12%
	园林小品面积占绿化屋顶面积	≤3%
简单式屋顶绿化	绿化屋顶面积占屋顶总面积	≥80%
	绿化种植面积占绿化屋顶面积	≥90%

4.2 屋顶承重安全

屋顶绿化应预先全面调查建筑的相关指标和技术资料，根据屋顶的承重，准确核算各项施工材料的重量和一次容纳游人的数量。

4.3 屋顶防护安全

屋顶绿化应设置独立出入口和安全通道，必要时应设置专门的疏散楼梯。为防止高空物体坠落和保证游人安全，还应在屋顶周边设置高度在80cm以上的防护围栏。同时要注重植物和设施的固定安全。

5 屋顶绿化类型

5.1 花园式屋顶绿化

5.1.1 新建建筑原则上应采用花园式屋顶绿化，在建筑设计时统筹考虑，以满足不同绿化形式对于屋顶荷载和防水的不同要求。

5.1.2 现状建筑根据允许荷载和防水的具体情况，可以考虑进行花园式屋顶绿化。

5.1.3 建筑静荷载应大于等于250kg/m^2。乔木、园亭、花架、山石等较重的物体应设计在建筑承重墙、柱、梁的位置。

5.1.4 以植物造景为主，应采用乔、灌、草结合的复层植物配植方式，产生较好的生态效益和景观效果。花园式屋顶绿化建议性指标参见表1。

5.2 简单式屋顶绿化

5.2.1 建筑受屋面本身荷载或其他因素的限制，不能进行花园式屋顶绿化时，可进行简单式屋顶绿化。

5.2.2 建筑静荷载应大于等于100kg/m^2，建议性指标参见表1。

5.2.3 主要绿化形式

  a）覆盖式绿化

根据建筑荷载较小的特点，利用耐旱草坪、地被、灌木或可匍匐的攀缘植物进行屋顶覆盖绿化。

  b）固定种植池绿化

根据建筑周边圈梁位置荷载较大的特点，在屋顶周边女儿墙一侧固定种植池，利用植物直立、悬垂或匍匐的特性，种植低矮灌木或攀缘植物。

  c）可移动容器绿化

根据屋顶荷载和使用要求，以容器组合形式在屋顶上布置观赏植物，可根据季节不同随时变化组合。

6 种植设计与植物选择

6.1 种植设计

6.1.1 花园式屋顶绿化

6.1.1.1 种植设计的一般规定可参照CJJ 48—92中第6.1.2条、第6.1.3条的要求执行。

6.1.1.2 以突出生态效益和景观效益为原则，根据不同植物对基质厚度的要求，通过适当的微地形处理或种植池栽植进行绿化。屋顶绿化植物基质厚度要求见表2。

表2 屋顶绿化植物基质厚度要求

植物类型	规格（m）	基质厚度（cm）
小型乔木	H=2.0~2.5	≥60
大灌木	H=1.5~2.0	50~60
小灌木	H=1.0~1.5	30~50
草本、地被植物	H=0.2~1.0	10~30

6.1.1.3 利用丰富的植物色彩来渲染建筑环境，适当增加色彩明快的植物种类，丰富建筑整体景观。

6.1.1.4 植物配置以复层结构为主，由小型乔木、灌木和草坪、地被植物组成。本地常用和引种成功的植物应占绿化植物的80%以上。

6.1.2 简单式屋顶绿化

6.1.2.1 绿化以低成本、低养护为原则，所用植物的滞尘和控温能力要强。

6.1.2.2 根据建筑自身条件，尽量达到植物种类多样、绿化层次丰富、生态效益突出的效果。

6.2 植物选择原则

6.2.1 遵循植物多样性和共生性原则，以生长特性和观赏价值相对稳定、滞尘控温能力较强的本地常用和引种成功的植物为主。

6.2.2 以低矮灌木、草坪、地被植物和攀缘植物等为主，原则上不用大型乔木，有条件时可少量种植耐旱小型乔木。

6.2.3 应选择须根发达的植物，不宜选用根系穿刺性较强的植物，防止植物根系穿透建筑防水层。

6.2.4 选择易移植、耐修剪、耐粗放管理、生长缓慢的植物。

6.2.5 选择抗风、耐旱、耐高温的植物。

6.2.6 选择抗污性强，可耐受、吸收、滞留有害气体或污染物质的植物。

6.2.7 北京地区屋顶绿化部分植物种类参考见表3。

表3 北京地区屋顶绿化部分植物种类

乔　木			
油松	阳性，耐旱、耐寒；观树形	玉兰*	阳性，稍耐阴；观花、叶
华山松*	耐阴；观树形	垂枝榆	阳性，极耐旱；观树形
白皮松	阳性，稍耐阴；观树形	紫叶李	阳性，稍耐阴；观花、叶
西安桧	阳性，稍耐阴；观树形	柿树	阳性，耐旱；观果、叶
龙柏	阳性，不耐盐碱；观树形	七叶树*	阳性，耐半阴；观树形、叶
桧柏	偏阴性；观树形	鸡爪槭*	阳性，喜湿润；观叶
龙爪槐	阳性，稍耐阴；观树形	樱花*	喜阳；观花

续表

乔　　木			
银杏	阳性，耐旱；观树形、叶	海棠类	阳性，稍耐阴；观花、果
栾树	阳性，稍耐阴；观枝叶果	山楂	阳性，稍耐阴；观花
灌　　木			
珍珠梅	喜阴；观花	碧桃类	阳性；观花
大叶黄杨*	阳性，耐阴，较耐旱；观叶	迎春	阳性，稍耐阴；观花、叶、枝
小叶黄杨	阳性，稍耐阴；观叶	紫薇*	阳性；观花、叶
凤尾丝兰	阳性；观花、叶	金银木	耐阴；观花、果
金叶女贞	阳性，稍耐阴；观叶	果石榴	阳性，耐半阴；观花、果、枝
红叶小檗	阳性，稍耐阴；观叶	紫荆*	阳性，耐阴；观花、枝
矮紫杉*	阳性；观树形	平枝栒子	阳性，耐半阴；观果、叶、枝
连翘	阳性，耐半阴；观花、叶	海仙花	阳性，耐半阴；观花
榆叶梅	阳性，耐寒，耐旱；观花	黄栌	阳性，耐半阴，耐旱；观花、叶
紫叶矮樱	阳性；观花、叶	锦带花类	阳性；观花
郁李*	阳性，稍耐阴；观花、果	天目琼花	喜阴；观果
寿星桃	阳性，稍耐阴；观花、叶	流苏	阳性，耐半阴；观花、枝
丁香类	稍耐阴；观花、叶	海州常山	阳性，耐半阴；观花、果
棣棠*	喜半阴；观花、叶、枝	木槿	阳性，耐半阴；观花
红瑞木	阳性；观花、果、枝	蜡梅*	阳性，耐半阴；观花
月季类	阳性；观花	黄刺玫	阳性，耐寒，耐旱；观花
大花绣球*	阳性，耐半阴；观花	猬实	阳性；观花
地 被 植 物			
玉簪类	喜阴，耐寒、耐热；观花、叶	大花秋葵	阳性；观花
马蔺	阳性；观花、叶	小菊类	阳性；观花
石竹类	阳性，耐寒；观花、叶	芍药*	阳性，耐半阴；观花、叶
随意草	阳性；观花	鸢尾类	阳性，耐半阴；观花、叶
铃兰	阳性，耐半阴；观花、叶	萱草类	阳性，耐半阴；观花、叶
荚果蕨*	耐半阴；观叶	五叶地锦	喜阴湿；观叶；可匍匐栽植
白三叶	阳性，耐半阴；观叶	景天类	阳性耐半阴，耐旱；观花、叶
小叶扶芳藤	阳性，耐半阴；观叶；可匍匐栽植	京8常春藤*	阳性，耐半阴；观叶；可匍匐栽植
沙地柏	阳性，耐半阴；观叶	苔尔曼忍冬*	阳性，耐半阴；观花、叶；可匍匐栽植

注：加"*"为在屋顶绿化中，需一定小气候条件下栽植的植物

7 屋顶绿化技术

7.1 屋顶绿化相关材料荷重参考值

7.1.1 植物材料平均荷重和种植荷载参考见表4。

表4 植物材料平均荷重和种植荷载参考表

植物类型	规格（m）	植物平均荷重（kg）	种植荷载（kg/m²）
乔木（带土球）	H=2.0~2.5	80~120	250~300
大灌木	H=1.5~2.0	60~80	150~250
小灌木	H=1.0~1.5	30~60	100~150
地被植物	H=0.2~1.0	15~30	50~100
草坪	1m²	10~15	50~100

注：选择植物应考虑植物生长产生的活荷载变化。种植荷载包括种植区构造层自然状态下的整体荷载

7.1.2 其他相关材料密度参考值见表5。

表5 其他相关材料密度参考值一览表

材料	密度（kg/m³）
混凝土	2500
水泥砂浆	2350
河卵石	1700
豆石	1800
青石板	2500
木质材料	1200
钢质材料	7800

7.2 屋顶绿化施工操作程序

7.2.1 花园式屋顶绿化

花园式屋顶绿化施工流程见图1。

7.2.2 简单式屋顶绿化

简单式屋顶绿化施工流程见图2。

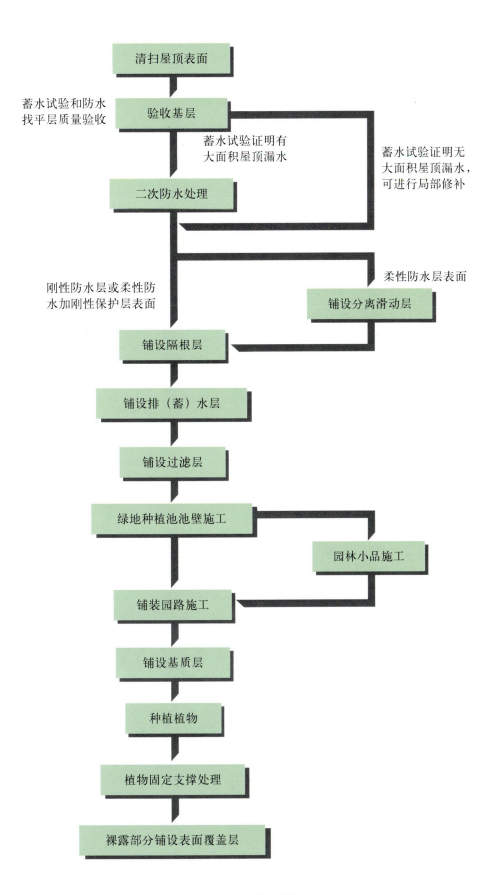

图1 花园式屋顶绿化施工流程示意图

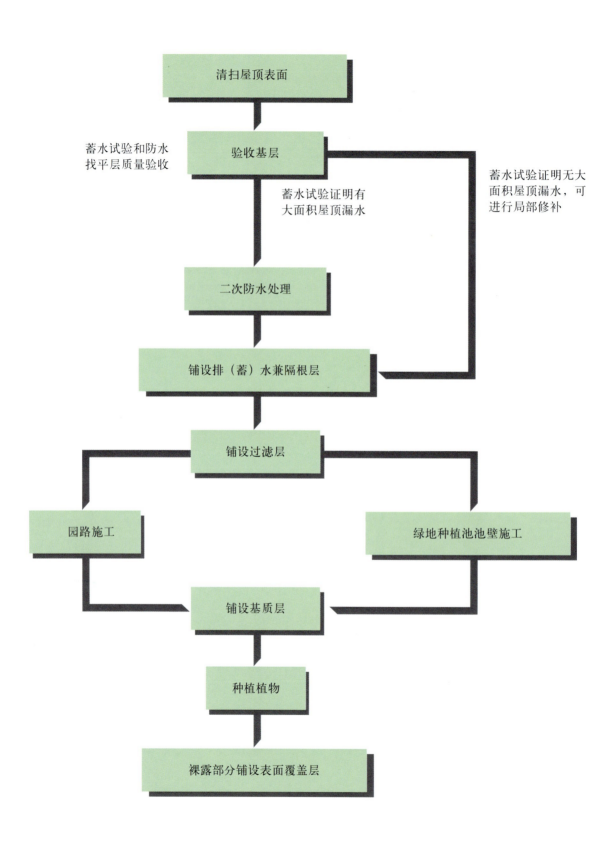

图2 简单式屋顶绿化施工流程示意图

7.3 屋顶绿化种植区构造层

种植区构造层由上至下分别由植被层、基质层、隔离过滤层、排（蓄）水层、隔根层、分离

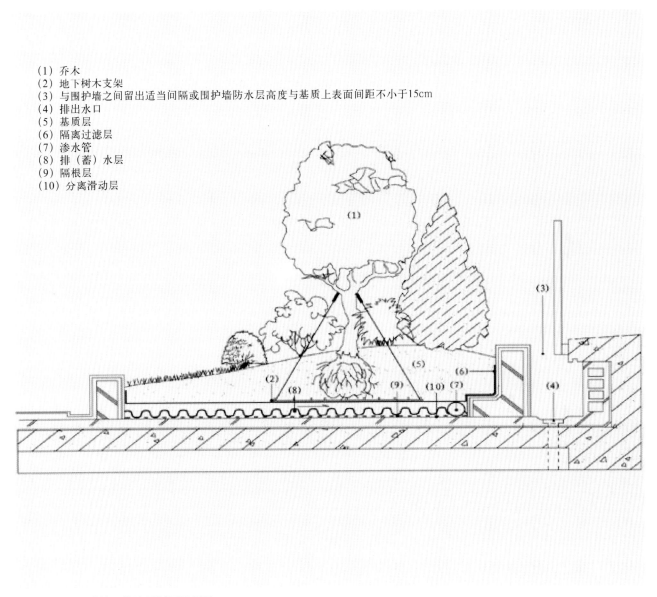

(1) 乔木
(2) 地下树木支架
(3) 与围护墙之间留出适当间隔或围护墙防水层高度与基质上表面间距不小于15cm
(4) 排出水口
(5) 基质层
(6) 隔离过滤层
(7) 渗水管
(8) 排（蓄）水层
(9) 隔根层
(10) 分离滑动层

图3 屋顶绿化种植区构造层剖面示意图

滑动层等组成。构造剖面示意见图3。

7.3.1 植被层

通过移栽、铺设植生带和播种等形式种植的各种植物，包括小型乔木、灌木、草坪、地被植物、攀缘植物等。屋顶绿化植物种植方法见图4-1、图4-2。

7.3.2 基质层

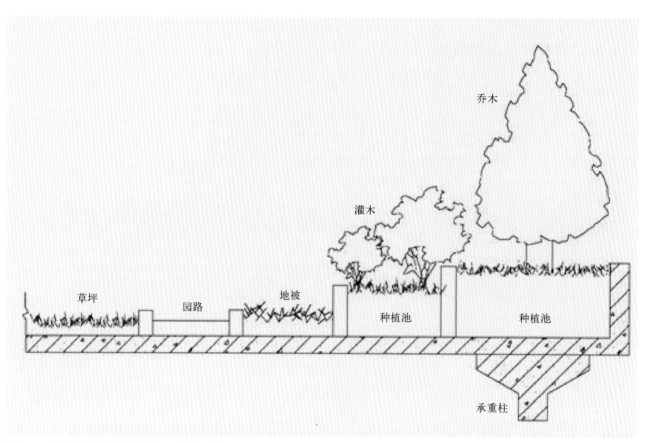

图4-1 屋顶绿化植物种植池处理方法示意图

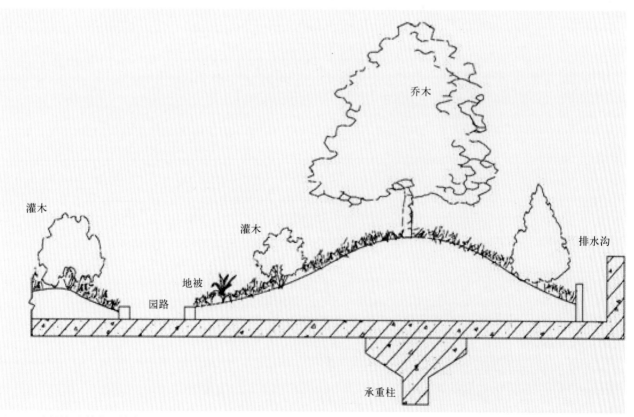

图4-2 屋顶绿化植物种植微地形处理方法示意图

是指满足植物生长条件，具有一定的渗透性能、蓄水能力和空间稳定性的轻质材料层。

7.3.2.1 基质理化性状要求

基质理化性状要求见表6。

表6 基质理化性状要求

理化性状	要求
湿密度	450~1300 kg/m³
非毛管孔隙度	>10%
pH值	7.0~8.5
含盐量	<0.12%
全氮量	>1.0g/kg
全磷量	>0.6g/kg
全钾量	>17g/kg

7.3.2.2 基质主要包括改良土和超轻量基质两种类型。改良土由田园土、排水材料、轻质骨料和肥料混合而成；超轻量基质由表面覆盖层、栽植育成层和排水保水层三部分组成。目前常用的改良土与超轻量基质的理化性状见表7。

表7 常用改良土与超轻量基质理化性状

理化指标		改良土	超轻量基质
密度（kg/m³）	干密度	550~900	120~150
	湿密度	780~1300	450~650
导热系数		0.5	0.35
内部孔隙度		5%	20%
总孔隙度		49%	70%
有效水分		25%	37%
排水速率（mm/h）		42	58

7.3.2.3 基质配制

屋顶绿化基质荷重应根据湿密度进行核算，不应超过1300kg/m³。常用的基质类型和配制比例参见表8，可在建筑荷载和基质荷重允许的范围内，根据实际酌情配比。

表8 常用基质类型和配制比例参考

基质类型	主要配比材料	配制比例	湿密度（kg/m³）
改良土	田园土，轻质骨料	1:1	1200
	腐叶土，蛭石，沙土	7:2:1	780～1000
	田园土，草炭（蛭石和肥）	4:3:1	1100～1300
	田园土，草炭，松针土，珍珠岩	1:1:1:1	780～1100
	田园土，草炭，松针土	3:4:3	780～950
	轻砂壤土，腐殖土，珍珠岩，蛭石	2.5:5:2:0.5	1100
	轻砂壤土，腐殖土，蛭石	5:3:2	1100～1300
超轻量基质	无机介质	—	450～650

注：基质湿密度一般为干密度的1.2～1.5倍。

7.3.3 隔离过滤层

7.3.3.1 一般采用既能透水又能过滤的聚酯纤维无纺布等材料，用于阻止基质进入排水层。

7.3.3.2 隔离过滤层铺设在基质层下，搭接缝的有效宽度应达到10～20cm，并向建筑侧墙面延伸至基质表层下方5cm处。

7.3.4 排（蓄）水层

7.3.4.1 一般包括排（蓄）水板、陶砾（荷载允许时使用）和排水管（屋顶排水坡度较大时使用）等不同的排（蓄）水形式，用于改善基质的通气状况，迅速排出多余水分，有效缓解瞬时压力，并可蓄存少量水分。

7.3.4.2 排（蓄）水层铺设在过滤层下。应向建筑侧墙面延伸至基质表层下方5cm

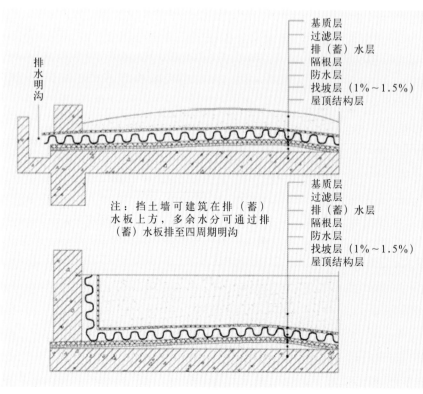

图5 屋顶绿化排（蓄）水板铺设方法示意图

处。铺设方法见图5。

7.3.4.3 施工时应根据排水口设置排水观察井，并定期检查屋顶排水系统的通畅情况。及时清理枯枝落叶，防止排水口堵塞造成壅水倒流。

7.3.5 隔根层

7.3.5.1 一般有合金、橡胶、PE（聚乙烯）和HDPE（高密度聚乙烯）等材料类型，用于防止植物根系穿透防水层。

7.3.5.2 隔根层铺设在排（蓄）水层下，搭接宽度不小于100cm，并向建筑侧墙面延伸15～20cm。

7.3.6 分离滑动层

7.3.6.1 一般采用玻纤布或无纺布等材料，用于防止隔根层与防水层材料之间产生粘连现象。

7.3.6.2 柔性防水层表面应设置分离滑动层；刚性防水层或有刚性保护层的柔性防水层表面，分离滑动层可省略不铺。

7.3.6.3 分离滑动层铺设在隔根层下。搭接缝的有效宽度应达到10～20cm，并向建筑侧墙面延伸15～20cm。

7.3.7 屋面防水层

7.3.7.1 屋顶绿化防水做法应符合DB J01—93—2004的要求，达到二级建筑防水标准。

7.3.7.2 绿化施工前应进行防水检测并及时补漏，必要时作二次防水处理。

7.3.7.3 宜优先选择耐植物根系穿刺的防水材料。

7.3.7.4 铺设防水材料应向建筑侧墙面延伸，应高于基质表面15cm以上。

7.4 园林小品

7.4.1 为提供游憩设施和丰富屋顶绿化景观，必要时可根据屋顶荷载和使用要求，适当设置园亭、花架等园林小品。

7.4.1.1 园林小品设计要与周围环境和建筑物本体风格相协调，适当控制尺度。

7.4.1.2 材料选择应质轻、牢固、安全，并注意选择好建筑承重位置。

7.4.1.3 与屋顶楼板的衔接和防水处理，应在建筑结构设计时统一考虑，或单独作防水处理。

7.4.2 水池

7.4.2.1 屋顶绿化原则上不提倡设置水池，必要时应根据屋顶面积和荷载要求，确定水池的大小和水深。

7.4.2.2 水池的荷重可根据水池面积、池壁的重量和高度进行核算。池壁重量可根据使用材料的密度计算。

7.4.3 景石

7.4.3.1 优先选择塑石等人工轻质材料。

7.4.3.2 采用天然石材要准确计算其荷重，并应根据建筑层面荷载情况，布置在楼体承重柱、梁之上。

7.5 园路铺装

7.5.1 设计手法应简洁大方，与周围环境相协调，追求自然朴素的艺术效果。

7.5.2 材料选择以轻型、生态、环保、防滑材质为宜。

7.6 照明系统

7.6.1 花园式屋顶绿化可根据使用功能和要求，适当设置夜间照明系统。

7.6.2 简单式屋顶绿化原则上不设置夜间照明系统。

7.6.3 屋顶照明系统应采取特殊的防水、防漏电措施。

7.7 植物防风固定技术

(1) 带有土球的木本植物
(2) 圆木直径大约60~80呈三角形支撑架
(3) 将圆木与三角形钢板（5×25×120），用螺栓拧紧固定
(4) 基质层
(5) 隔离过滤层
(6) 排（蓄）水层
(7) 隔根层
(8) 屋面顶板

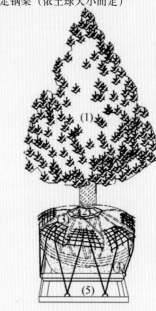

(1) 带有土球的树木
(2) 钢板、∅3螺栓固定
(3) 扁铁网固定土球
(4) 固定弹簧绳
(5) 固定钢架（依土球大小而定）

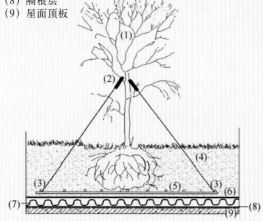

(1) 带有土球的木本植物
(2) 三角形支撑架与主分枝点用橡胶缓冲垫固定
(3) 将三角形支撑架与钢板用螺栓拧紧固定
(4) 基质层
(5) 底层固定钢板
(6) 隔离过滤层
(7) 排（蓄）水层
(8) 隔根层
(9) 屋面顶板

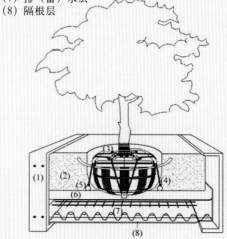

(1) 植种池
(2) 基质层
(3) 钢丝牵索，用螺栓拧紧固定
(4) 弹性绳索
(5) 螺栓与底层钢丝网固定
(6) 隔离过滤层
(7) 排（蓄）水层
(8) 隔根层

图6-1　植物地上支撑法示意图　　　　　　图6-2　植物地下固定法示意图

7.7.1 种植高于2m的植物应采用防风固定技术。

7.7.2 植物的防风固定方法主要包括地上支撑法和地下固定法，见图6-1、图6-2。

7.8 养护管理技术

7.8.1 浇水

7.8.1.1 花园式屋顶绿化养护管理除参照DBJ11/T 213—2003执行外，灌溉间隔一般控制在10～15天。

7.8.1.2 简单式屋顶绿化一般基质较薄，应根据植物种类和季节不同，适当增加灌溉次数。

7.8.2 施肥

7.8.2.1 应采取控制水肥的方法或生长抑制技术，防止植物生长过旺而加大建筑荷载和围护成本。

7.8.2.2 植物生长较差时，可在植物生长期内按照30～50g/m^{2}的比例，每年施1～2次长效N、P、K复合肥。

7.8.3 修剪

根据植物的生长特性，进行定期整形修剪和除草，并及时清理落叶。

7.8.4 病虫害防治

应采用对环境无污染或污染较小的防治措施，如人工及物理防治、生物防治、环保型农药防治等措施。

7.8.5 防风防寒

应根据植物抗风性和耐寒性的不同，采取搭风障、支防寒罩和包裹树干等措施进行防风防寒处理。使用材料应具备耐火、坚固、美观的特点。

7.8.6 灌溉设施

7.8.6.1 宜选择滴灌、微喷、渗灌等灌溉系统。

7.8.6.2 有条件的情况下，应建立屋顶雨水和空调冷凝水的收集回灌系统。

参考文献

[1] (德)瓦特尔·科布尔,塔西洛·施瓦茨著. 屋顶绿化[M]. 原新民等译. 沈阳:辽宁科学技术出版社,2002.

[2] (美)西奥多·奥斯曼德森著. 屋顶花园——历史·设计·建造[M]. 林韵然等译. 北京:中国建筑工业出版社,2005.

[3] (英)杰瑞·哈勃,大卫·史蒂芬著. 屋顶花园——阳台与露台设计[M]. 吴晓敏,钟山风译. 北京:中国建筑工业出版社,2005.

[4] (西)弗朗西斯科·阿森西奥·切沃. 商务园林与屋顶花园[M]. 吴锦绣译. 南京:江苏科学技术出版社,2002.

[5] (日)财团法人,都市绿化技术开发机构编著. 屋顶、墙面绿化技术指南[M]. 谭琦,姜洪涛译. 北京:中国建筑工业出版社,2004.

[6] (日)石胜造园所编委会编. 日本造园[M]. 刘云俊译. 北京:中国建筑工业出版社,中国轻工业出版社,2003.

[7] (日)NIKKEI ARCHITECTURE编. 最新屋顶绿化设计、施工与管理实例[M]. 胡连荣译. 北京:中国建筑工业出版社,2008.

[8] 陈俊愉,程绪珂. 中国花经[M]. 北京:中国林业出版社,上海:上海文化出版社,1990.

[9] 苏雪痕. 植物造景[M]. 北京:中国林业出版社,2005.

[10] 徐峰,封蕾,郭子一编著. 屋顶花园设计与施工[M]. 北京:化学工业出版社,2007.

[11] 毛龙生. 人工地面植物造景·垂直绿化[M]. 城市绿化造景丛书. 南京:东南大学出版社,2002.

[12] 孟庆武主编. 北京节日花坛[M]. 乌鲁木齐:新疆科学技术出版社,2004.

[13] 黄金. 屋顶花园——设计与营造[M]. 北京:中国林业出版社,2000.

[14] 渥尔纳·皮特·库斯特. 中国屋顶绿化需要规范[J]. 风景园林, 2006(4): 39-45.

[15] 殷丽峰, 李树华. 屋顶绿化基质的选择及绿化种植模式的建立[J]. 风景园林, 2006(4): 46-49.

[16] 王华, 王仙民. 饭店的立体绿化[J]. 风景园林, 2006(4): 50-54.

[17] 白淑媛. 佛甲草与屋顶绿化[J]. 风景园林, 2006(4): 55-57.

[18] 韩丽莉. "科技部建筑节能示范楼"屋顶绿化的设计与施工[J]. 风景园林, 2006(4): 58-62.

[19] 胡永红, 秦俊, 蒋昌华. 屋顶绿化研究进展——上海屋顶花园概论.

[20] 严永红, 张伟. 绿屋面系统的对比研究[J]. 重庆建筑, 2006(2): 6-9.

[21] 李树华, 殷丽峰. 世界屋顶花园的发展简史.

[22] 谢浩, 朱仁鸿. 屋顶花园的防水与施工[J]. 建筑技术, 2004, 35(7): 522, 534.

[23] 李岳岩, 周若. 日本的屋顶绿化设计与技术[J]. 建筑学报, 2006(2): 37-39.

[24] 张阳, 武六元. 建筑立体绿化的相关问题研究[N]. 西安建筑科技大学学报, 2003, 35(2): 166-168.

[25] 何家骅. 垂盆草屋顶切段撒播成坪初探[J]. 浙江农业科学, 2008(5).

[26] 陶爽. 对屋顶花园防水的探讨与体会[J]. 辽宁建材, 2008(9).

[27] 唐红. 立体绿化在城市建筑中的应用研究[J]. 住宅产业, 2008(8).

[28] 徐嘉科. 屋顶绿化的防渗漏技术[J]. 浙江林业, 2008(8).

[29] 张蓓芝. 浅析垂直绿化对城市绿化美化的作用[J]. 安徽农学通报, 2008(17).

[30] 于秀藏. 浅谈屋顶花园设计[J]. 河北林业科技, 2008(5).

[31] 赵润江. 屋顶绿化营造技术及发展趋势[J]. 现代农业科技, 2008(20).

[32] 陈爱军. 浅谈屋顶绿化[J]. 河北农业科技, 2008(21).

[33] 吴剑平. 佛甲草在南昌地区屋顶绿化中的应用[J]. 江西林业科技, 2008(5).

[34] 张薇婷. 立体绿化, 发展节约型园林的有效途径[J]. 城市道桥与防洪, 2008(10).

[35] 谢梅友. 浅谈屋顶花园的设计[J]. 广东科技, 2008(20).

[36] 王俊举. 住宅区立体绿化的设计原则与应用[J]. 科技信息, 2008(26).

[37] 丁鹏. 我国屋顶绿化的发展趋势探析[J]. 现代农业科技, 2008(17).

[38] 许红. 屋顶绿化与种植技术[J]. 科技资讯, 2008(28).

[39] 董飞. 几种屋顶绿化植物的栽植试验[J]. 山东林业科技, 2008(3).

[40] 罗文辉. 浅析屋顶绿化对城市环境的影响[J]. 山西建筑, 2008(20).

[41] 贾宁. 北京市屋顶绿化的发展与对策[J]. 中国城市林业, 2008(3).

[42] 赵晓英. 国外屋顶绿化政策对我国的启示[N]. 西北林学院学报, 2008(3).

[43] 钱军. 屋顶绿化的现状分析与思考[J]. 农业科技与信息(现代园林), 2008(5).

[44] 黄立纯. 浅谈屋顶花园施工问题[J]. 山西建筑, 2008(17).

[45] 排疏板应用技术规程DBJ/CT 514-2004.

[46] 中华人民共和国国家标准. 建筑与小区雨水利用工程技术规范.

[47] 叶林标. 防水设计与施工.

[48] 唐鸣放. 城市屋顶绿化热功能.

[49] 姜泰昊. 韩国屋顶绿化的特色.

[50] 谭天鹰. 浅谈屋顶绿化在首都建设生态城市办绿色奥运中的重要作用.

[51] 赵定国. 大面积轻型屋顶绿化技术要注意的问题.

[52] 杨玉培. 发展屋顶绿化, 增加城市绿化量.

[53] 谭一凡. 欧美屋顶绿化政策研究及对深圳的启示.

[54] 谭一凡. 深圳市屋顶绿化现状及展望.

[55] 刘海涛. 《广州市内环路两侧建筑物天台绿化情况调研》报告.

[56] http://www.hsiliu.org.tw/shin/greenhouse/greenhouse07-1.html.

[57] http://www.abbs.com.cn/bbs/post/view?bid=16&id=6457272&sty=1&tpg=1&age=30&ppg=23.

[58] http://www.hrt.msu.edu/faculty/Rowe/Green_roof.html.

[59] http://www.chinaccm.com/07/0701/070105/news/20011109/141359.asp.

[60] http://www.sdyuanyi.com/zhishi/1636.html.

[61] http://www.cg3000.com/thread-10556-1-1.html.

[62] http://www.tidelion.com/product.html.

[63] http://www.zjxfsfh.com/guild/sites/fangs/detail.asp?i=PJYD&id=2674.

后 记

2010年3月下旬我到上海世博园探秘，看了很激动，几乎每个展馆都非常重视屋顶绿化、墙体绿化、室内绿化，整个世博园就是一个立体绿化博览会，是未来城市的缩影，是我梦中的理想城市。

立体绿化让城市变得美好，城市又使得市民的生活更加美好。2010年4月2日应挚友李祥章、王岩先生之邀到北京人民大会堂欣赏了中国歌剧院院长、艺术总监俞峰先生执棒的"环保之歌"——大型交响歌舞演出，浮想联翩。今天艺术家们在北京人民大会堂为绿色低碳高歌，明天全国人大代表和政协委员将在这里提案建议国家立法强制推广低碳城市、零碳建筑、碳汇建筑。

建筑也能碳汇吗？屋顶、墙体种植了乔木、灌木、花卉、草本植物，植物吸纳二氧化碳，所以屋顶绿化的建筑称为碳汇建筑是当之无愧的。

这本书能如期出版，我身边的年轻人功劳最大，北京林业大学硕士生李青艳负责了全文的编写，还拍了不少的好照片。著名摄影大师官天一兄为本书抓拍了高水准的照片，王蓓、提涛、朱莉、朱云娜和我在奥运期间天天到处拍照，收集素材。

特别鸣谢著名绿化专家董智勇、陈俊愉、罗哲文教授对我编写本书的支持和鼓励。

本书稿件交出版社太晚，又要求给世界屋顶绿化大会献礼，害得出版社同仁日夜加班，不辞辛苦地修改校正，在此，衷心感谢出版社领导及各位好朋友的辛勤劳动，他们的好作风是作者、读者的福音。

作者水平有限，时间紧张，书中疏漏实属难免，敬请广大读者指教。

世界屋顶绿化大会组委会

秘书长：王仙民

2010年春